地区电网自动电压
控制优化技术

国网湖南省电力有限公司电力科学研究院　组　编
湖南省湘电试验研究院有限公司

吴晋波　主　编

宋兴荣　刘海峰　熊尚峰　洪　权　李振文　副主编
李　龙　胡迪军　姜新凡　李　理

中国电力出版社
CHINA ELECTRIC POWER PRESS

内容提要

本书介绍了对现有的地区电网自动电压控制（AVC），在控制指令类型、控制模式、控制目标、连续/离散变量协调方面所提出的优化方法。本书介绍了针对特高压直流换流站和山地等特殊的地区电网提出的相应优化控制方法；介绍了所提控制优化技术在一个典型山区电网工程应用情况和风、水电站 AVC 测试情况；深入介绍地区电网 AVC 系统如何应对目前"双碳"目标下大量新能源并网带来电压无功控制问题。

本书主要面向从事地区电网电压无功功率管理、调度控制、发电厂站自动电压控制等的管理与技术人员。

图书在版编目（CIP）数据

地区电网自动电压控制优化技术 / 吴晋波主编；国网湖南省电力有限公司电力科学研究院，湖南省湘电试验研究院有限公司组编 . —北京：中国电力出版社，2021.12
ISBN 978-7-5198-6301-2

Ⅰ．①地… Ⅱ．①吴… ②国… ③湖… Ⅲ．①地区电网—电压控制—自动控制—最佳控制 Ⅳ．① TM727.2

中国版本图书馆 CIP 数据核字（2021）第 263473 号

出版发行：中国电力出版社
地　　址：北京市东城区北京站西街 19 号（邮政编码 100005）
网　　址：http://www.cepp.sgcc.com.cn
责任编辑：畅　舒（010-63412312）
责任校对：黄　蓓　郝军燕
装帧设计：王红柳
责任印制：吴　迪

印　　刷：三河市万龙印装有限公司
版　　次：2021 年 12 月第一版
印　　次：2021 年 12 月北京第一次印刷
开　　本：710 毫米 ×1000 毫米　32 开本
印　　张：6.25
字　　数：96 千字
印　　数：0001—1000 册
定　　价：45.00 元

《地区电网自动电压控制优化技术》

编委会

主　　编　吴晋波

副 主 编　宋兴荣　刘海峰　熊尚峰　洪　权　李振文

李　龙　胡迪军　姜新凡　李　理

编写人员　李　辉　欧阳帆　刘伟良　李　刚　梁文武

徐　浩　臧　欣　许立强　余　斌　严亚兵

刘志豪　龚禹生　丁　禹　蔡昱华　陈　宏

宋军英　曹新涛　谢培元　刘　力　周　帆

周　挺　朱维钧　毛文奇　彭　铖　彭　佳

韩忠晖　王善诺　尹超勇　徐　彪　肖豪龙

欧阳宗帅　龙雪梅　李林山　肖俊先

前言

　　自动电压控制（AVC）是现代电网电压、无功功率控制的主要系统，通过对并网机组、电网动态无功功率补偿设备、并联电容/电抗器、变压器等无功设备的自动统一调控，提高电网电压质量、降低网损，保证电网安全经济优质运行。

　　省级电网（220kV 及以上）AVC 系统主要控制对象为常规水火电厂。而对于地区电网（110kV 及以下），由于参与 AVC 控制的常规水火电厂一般以220kV 及以上并网，AVC 系统的主要控制对象是变电站中并联电抗器/电容器和变压器分接头这类离散设备，控制对象单一、控制策略简单、控制效果有限。

　　随着国家"双碳"目标和"构建以新能源为主体的新型电力系统"战略的提出，大量的无功功率可连续调节的风电、光伏等新能源电站并入 110kV 及以下电网。这些新能源的大量并网既给电网带来了新的扰动源也给电网带来了新的可调控资源，给地区电网电压无功功率控制带来了新的挑战和机遇。地区电网自动电压控制技术亟需根据这一新情况进行调整和优化。

　　针对这一情况，编写组团队多年在地区电网自动电压控制技术方面开展深入研究，取得了一系列成果，并在湖南省地区电网开展了示范应用。本书介绍了针对现有的地区电网 AVC，在控制指令类型、控制模式、控制目标、连续/离散变量协调方面所提出的优化方法；介绍了针对特高压直流换流站和山地等特殊的地区电网提出的相应优化控制方法；介绍了所提控制优化技术在一个典型山区电网工程应用情况和风、水电站 AVC 测试情况。期望通过本书的介绍，促进自动电压控制技术的发展，对电力系统电压无功功率管理工作提供借鉴参考。

鉴于编者的水平有限，书中难免会有不妥之处，恳请同行及读者给予批评指正，十分感谢。

编者

2021 年 10 月

目录

第 1 章
地区电网AVC系统概述

随着人们生产和生活与电的联系更加紧密，对电能质量的要求也日益提高。电压幅值是最基本的电能质量指标。电压幅值是否在合格范围内，直接影响人们生产和生活。自动电压控制（automatic voltage control，AVC）是现代地区电网电压、无功功率控制的主要系统，通过对并网机组、电网动态无功功率补偿设备、并联电容/电抗器、变压器等电压无功调节设备的自动统一调控，提高电网电压质量、降低网损，保证电网安全经济优质运行。

1.1　地区电网 AVC 控制系统

电力系统及电力企业管理运行的基本目标是安全、优质、经济地向用户提供电能，而电压是电能质量的重要指标之一。利用电压无功控制技术手段，提高电压质量、减少线路无功功率流动、提高受电功率因数对电力系统稳定运行、降低线路损耗和保证工农业生产安全、提高产品质量、降低用电单耗等都有直接影响。

电压与无功功率关系密切，对电力系统的电压控制主要是通过控制无功功率的产生、流动和消耗来实现的。电网容量的不断增大，超高压远距离输电以及日负荷的较大变动，对电网的电压和无功功率控制提出了更高的要求。实现电网内合理的电压无功分布，不仅可以提高电压质量和系统的安全水平，而且可以有效降低网络损耗，具有十分重要的意义，经济效益很大。

电力系统电压无功控制的手段很早就已经存在，比如发电机的自动励磁调节器（AVR）、可投切电容电抗器、变压器的有载调压分接头（OLTC）等，这些控制手段为保证电力系统安全、稳定运行发挥了重要作用。长时间以来，电网的电压无功控制采用分散调节的方式。以我国典型的网省调为例，运行人员按季度或月度制定电压运行计划曲线，并下发到各厂站，各厂站值班人员按照此运行曲线完成本地控制设备的调节。这很大程度上严格了对电压无功控制的协调管理，但是这样的控制管理流程仍然存在如下问题：

（1）各厂站只依靠本地的信息进行调节，控制是分散的、局部的，无论是控制目标还是控制手段都集中在很小的范围内，对整个电网来说缺乏从全局的角度来进行协调和优化的手段。

（2）电压曲线一般在典型运行方式下离线制定，难以完全满足电网实时运行过程中面对的各种工况。

（3）电压曲线制定一般依赖于历史经验，缺少相关的优化计算和安全校核工具，难以兼顾全网运行的经济性和安全性。

（4）运行人员的工作量繁重。全网电压调整需要调度中心的运行方式人员、调度人员、各电厂和变电站值班员实时监控，共同完成，牵涉人员多，劳动强度大。

随着电网的快速发展，原有电压控制机制将难以满足电网安全、优质和经济运行的要求，要求在继续增加本地无功功率资源，提高电压控制能力的同时，建设自动电压控制（AVC）系统，完善对电网电压无功的综合决策、调度和管理，优化调度现有的电压无功调控资源，提高系统满足电能质量、电网安全和经济运行等要求的能力，减轻计划、调度和运行人员的工作量，提高电网调度自动化水平。

AVC 系统架构在能量管理系统（energy management system，EMS）之上，能够利用电网实时运行的数据，从整个系统的角度科学决策出最佳的电压无功调整方案，自动下发给各个子站装置，以电压安全和优质为约束，以系统运行经济性为目标，连续闭环的进行电压的实时优化控制，从而形成分析、决策、控制、再分析、再决策、再控制的电压无功实时调整流程。

1.2　电压无功控制目标和原则

1.2.1　电压无功控制目标

AVC 应用是主站自动化高级应用软件技术向闭环控制方向的拓展。电网调度控制中心主站系统 SCADA 及包括状态估计、在线潮流等在内的高级应用软件已经达到实用化水平。电网自动化硬件水平发展已经具备了进行实时数据采集和闭环控制的能力。通过完备的高速电力数据通信网络，利用主站系统的 SCADA 应用功能，可以在控制中心采集包括母线电压、发电机出力、线路潮流、开关位置等在内的实时信息，并可以在控制中心远方完成发电机无功功率输出调整、电容电抗器投切、变压器分接头升降等遥控遥调操作。在 EMS 系统体系结构上，主站平台支持 AVC 应用子系统功能扩展，将为电压无功功率控制提供统一平台支撑软件。AVC 应用是电网无功功率调度发展的最高阶段，为电网电压无功安全经济运行提供重要的技术支撑手段。

1.2.2 电压无功控制原则

无功功率潮流分布理论上能够达到最优，可以归结为无功功率最优潮流（optimal power flow，OPF）问题，但在一个实际复杂的电力系统中，OPF 却几乎不可能在线实现。首先电压无功之间的非线性很强，OPF 算法收敛性得不到保证；其次即使收敛性能够解决，OPF 的数据源——状态估计（state estimation，SE）结果正确性也无法保证；再次 OPF 对全网进行统一优化计算，不便考虑实际控制过程中的诸多工程问题，如电力系统数据不全或不同步，各种控制动作的时序，如何避免振荡等。因此，如将 OPF 计算结果直接用于大规模系统的实时控制，其可靠性不高，可操作性也不强。

从电力系统潮流物理意义进行分析，系统频率是衡量电力系统有功功率平衡的唯一指标，是全网统一的。相对而言，电力系统无功功率平衡影响系统电压质量，但是母线电压监测点数量多且分散、电压无功功率控制设备数量大，分布在不同层次的电网中。处于优化状态的电力系统无功功率潮流分布应满足高电压水平下分层分区平衡原则。

1.3　电压无功功率控制策略

1.3.1　总体控制策略思路

电厂参与地区电网 AVC 全网一体化计算，自动调节其发出(或吸收)的无功功率，实现对并网点电压的控制，其调节速度和控制精度应满足电力系统电压调节的要求。风电场/光伏电站无功功率调节方式包括调节风电机组/光伏逆变器无功功率、调节电站集中补偿装置无功功率和调节变压器变比的方式。主要控制策略如下：

(1) 采用成熟的全局优化，分层分区、就地平衡的无功功率控制原则。

(2) 全网无功功率优化(ROPF)分析输出各区域枢纽点目标电压。

(3) 将风电场/光伏电站控制划分到 AVC 控制区域，区域为某个 220kV 站的供电区域，参与区域电压无功优化。

(4) 区域内以中枢点期望为目标，考虑节点电压约束，采用时序配合协调离散/连续变量进行区域电压无功优化控制。

(5) 主站端根据各区无功功率调节能力及平衡情

况，设定子站端并网点电压控制值（或功率因素），风电场/光伏电站子站端根据设定电压值，合理控制风电机组/光伏逆变器、集中无功功率补偿装置和变压器，使得并网点电压满足控制要求。

（6）通过对风电场/光伏电站无功功率需求与可调节范围的预判断，调节电站并网点电压设定值，充分发挥风电机组/光伏阵列无功功率调节能力。

1.3.2　实时动态分区策略

当前我国地区电网主要以 220kV 或 330kV 变电站为电源点，为下面若干个 110kV/35kV 变电站供电，形成分区、分片供电的网架结构，这种电网结构自然的形成了电压/无功功率的分区控制，且地区电网一般都是辐射状形式运行，一个典型的地区电网分区结构示意图如图 1 - 1 所示。

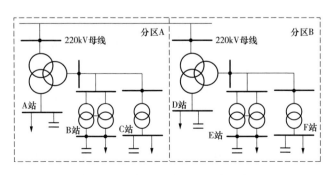

图 1 - 1　地区电网分区结构示意图

根据无功功率平衡的局域性和分散性，AVC 对地区电网电压无功功率分层分区控制，使系统的决策与控制在空间上解耦。AVC 数据库模型定义了厂站、电压监测点(母线)、控制设备(电容器及变压器、发电机)等记录。运行时 AVC 根据 SCADA 遥信信息，在线实时跟踪电网拓扑以及运行方式的变化，进行动态分区并进行校验，防止因隔离开关位置错误或其他因素造成的分区错误。

AVC 分层分区算法是根据网络实时拓扑以及运行方式，以 220kV 枢纽变电站为中心，将整个电网分解成围绕 220kV 变电站的区域，区域间电压无功电气弱耦合，区域内强耦合，具体方法是：

(1) 在网络模型基础上，AVC 运行时根据 SCADA 遥信信息，进行网络拓扑分析，自动适应电网任意运行方式，包括：

1) 根据网络拓扑自动识别两绕组变压器和三绕组变压器是否并列运行，如两台三绕组变压器中低压侧只要任意一侧并联即可判断变压器并列运行。

2) 根据网络拓扑自动的实时跟踪电网运行方式变化进行在线自适应分区，不仅能识别变电站的上下级供电关系，而且支持自适应区域嵌套划分，即可以识别任意厂站之间、任意设备之间的拓扑关系。

3）根据母联断路器的位置实时地自动识别母线是否并列运行，自动识别站内多母线、多主变压器、多电容器之间的拓扑关系。

（2）以 220kV 主变压器或母线为枢纽点进行，分为独立的片网，各分区弱耦合，地区电网全网控制转换为分片区控制。

（3）分区具备容错校验，即动态分区通过遥信预处理自我校验，防止因隔离开关位置错误或其他因素造成的分区和连接关系错误。

1.3.3 电压校正控制策略

AVC 从地区电网整体潮流出发，以全网网损最小、各电压合格、调节设备动作次数最少为目标，可根据电网电压无功功率空间分布状态自动选择控制模式，优先顺序是"区域电压控制" > "电压校正控制" > "区域无功功率控制"，三种控制模式的相关信息见表 1 - 1。

表 1 - 1　电压校正控制三种控制模式相关信息

控制模式	触发控制模式的场景	调节措施	目的
区域级控制：区域电压控制	分区内 110kV 母线电压普遍偏高或者偏低	调整分区内 220kV 主变压器分接头	快速校正或优化群体电压水平，从全局角度降低动作次数

续表

控制模式	触发控制模式的场景	调节措施	目的
局部控制：电压校正控制	个别变电站电压、无功功率越限	电压优先，按九区图规则协调配合	保证单个节点电压合格
区域级控制：区域无功功率控制	220kV变电站关口无功功率越限	调节分区内电容器	保证分区内具有较好的无功功率水平

图1-2给出了地调 AVC 的主要策略流程。

1.3.4 无功功率协调控制策略

AVC 根据关口选择的不同(主变压器关口或母线关口)，由关口当前有功功率和功率因数限值计算无功功率考核点的无功功率上下限，当前关口无功功率越上限时切除本区域内电抗器或投入电容器，当前关口无功功率越下限时切除本区域内电容器或投入电抗器。

在选择动作设备时综合考虑变电站无功功率越限情况，优先选择与变电站无功功率同向越限的设备控制，其次考虑降损效果，增加无功功率时优先选择末端变电站设备，切除无功功率时优先选择关口站设备。

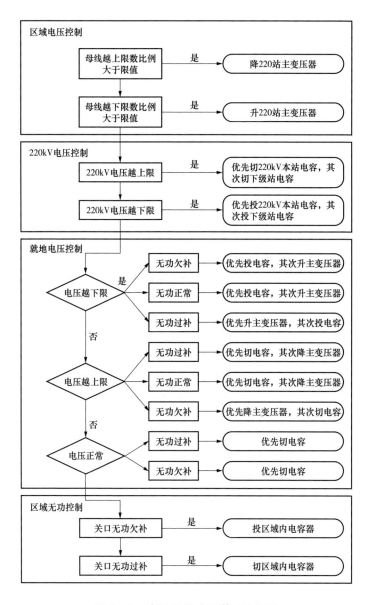

图 1-2 地调 AVC 主要策略流程图

投入或切除无功设备可能使电压越限时，考虑控制组合动作，如投入电容器时预先调整主变压器分头，使控制后电压仍然在合格范围内，但减少了线路无功功率传输。

为实现全网无功功率优化控制，AVC 可在更小区域范围内使无功功率就地平衡，即变电站级无功功率控制，为使用不同的运行情况，AVC 除了支持按照功率因数计算无功功率上下限外，还支持其他不同的无功功率限值模式（例如允许倒送无功功率），配置灵活简单。以变电站为单位，可设置四种模式，见表 1 - 2。

表 1 - 2　　无功功率协调控制四种功能模式信息表

序号	方法	说明	备注
1	自动选择	优先采用功率因数计算法，在轻负荷时自动切换至电容容量折算法，通过有功功率低限门槛值来判断	默认方式
2	功率因数	通过功率因数限值与当前有功功率折算出无功功率控制限值	
3	电容容量折算	设定允许倒送本站最大电容容量的一定系数，设定最多允许吸收本站最大电容容量的一定系数	适用于轻负荷站
4	固定无功功率限值	人为设定一对固定的无功功率上下限值	

第 2 章

AVC控制指令类型优化技术

现有 AVC 系统采用电压期望值作为连续可调电压无功源的控制指令值，由于各类连续可调电压无功源的调节速度存在差异，导致出现"抢无功功率"的现象，不利于电网安全经济优质运行。为解决这一问题，本章提出了一种 AVC 控制指令选择方法，即选择灵敏度高、调节速度快的连续可调电压无功源下发电压期望值作为控制指令，其余下发无功功率输出期望值作为控制指令。该方法与现有 AVC 系统结合，形成一套 AVC 控制指令选择系统，可有效解决"抢无功功率"问题，保证电网安全经济优质运行。

2.1 AVC 控制指令类型选择方法

对于不同类型的电压无功源，AVC 控制指令不同，对于离散可调电压无功源，一般下发电容/电抗器投切或变压器分接头调整等遥控指令，对于连续可调电压无功源，则既可以下发控制目标电压期望值的遥调指令值，也可以下发控制目标无功功率输出期望值的遥调指令值。由于下发电压期望值，主站和电压无功源侧安全责任较清晰，故目前一般采用电压期望值作为连续可调电压无功源的控制指令值。但在实际控制中，由于各类连续可调电压无功源的调节速度存在差异，经常出现以下情况：调节速度快的电厂抢发无功功率，长时间处于深度进相或无功功率满发状态；调节速度慢的电厂无法有效参与电网电压无功调控，无功功率资源闲置。在部分情况下，甚至可能出现灵敏度低、调节速度快的电厂抢发无功功率（"抢无功功率"），导致电网无功功率调节失衡。随着并网新能源发电厂（配套有 SVG 等动态无功功率补偿设备）和电网动态无功功率补偿设备（如调相机、SVC、STATCOM）数量的增加，这一问题更加突出。此外，由于电压期望值的可调节范围远小于无功功率输出期望值，连续可调电压无功源执行电压控制指令的控制精度逊于执行无功功率控制指令。然而电网是一个动态平衡系统，负荷潮流实时变化，如果全部连续可调电压无功源均执行无功功率控制指令，电网无功功率负荷出现较大增减时，缺乏动态的支撑，也可能导致电网电压越限。

为解决现有因为控制指令导致 AVC 控制效果不佳，达不到计算的优化系统状态，提出一种连续可调电压无功源 AVC 控制指令选择方法，包括以下步骤：

步骤 1：根据 SCADA 实时数据和状态估计结果，利用主站 AVC 系统获取区域内各连续可调电压无功源状态期望值。

其中各连续可调电压无功源的状态期望值包括控制目标电压期望值和控制目标无功功率输出期望值。

步骤 2：按连续可调电压无功源的动态支撑因子大小，选取部分连续可调电压无功源作为电网动态无功功率支撑点，对电网动态无功功率支撑点下发控制目标电压期望值遥调指令，其余连续可调电压无功源下发控制目标无功功率输出期望值遥调指令。

步骤 3：各连续可调电压无功源 AVC 一级控制器按所接收的电压或无功功率遥调指令，控制电压无功源无功功率输出。

其中连续可调电压无功源，包括电网动态无功功率补偿设备、并网新能源发电厂、并网常规水电机组、火电机组等无功功率输出连续可调的装置设备，其中电网动态无功功率补偿设备包括可变无功功率输出支路和固定无功功率输出支路等值视为一台连续可调电压无功源，并网新能源发电厂包括配套的 SVG 等动态无功功率补偿设备等值视为一台连续可调电压无功源，并网点相同的常规水、火电机组等值视为一台连续可调电压无功源。

步骤 2 中所提及连续可调电压无功源的动态支撑因子 ζ 按下列公式计算

$$\zeta_i = k_1 \frac{\sum\limits_n C_{pgi}}{n} + k_2 \Delta Q_{\Delta ti} \qquad (2-1)$$

式中：ζ_i 为区域内第 i 台连续可调电压无功源的动态支撑因子；C_{pgi} 为区域内第 i 台连续可调电压无功源对各条中枢母线的灵敏度系数（标幺值）；$\Delta Q_{\Delta ti}$ 为区域内第 i 台连续可调电压无功源在单位时间内的最大无功功率改变量（标幺值）；k_1 和 k_2 分别为灵敏度权重和无功功率调节速度权重，k_1、k_2 取值范围受 C_{pgi} 与 $\Delta Q_{\Delta ti}$ 的单位影响，k_1 与 k_2 取值范围非绝对范围，而是相对概念，k_1 取值范围为 $[5,10]$，k_2 一般取值为 1；n 为中枢母线条数。

对所有连续可调电压无功源的动态支撑因子从大到小排列，选取区域内动态支撑因子 ζ 最大的一台或前 N 台连续可调电压无功源作为电网动态无功功率支撑点，其中 N 的取值为所有连续可调电压无功源的数量的 10%。

从动态支撑因子排列靠前的连续可调电压无功源中，以灵敏度高和无功功率调节速度快的电网动态无功功率补偿，作为首选电网动态无功功率支撑点，以灵敏度高的并网发电机组作为次选电网动态无功功率支撑点，其中并网发电机组包括新能源发电厂、水电机组以及火电机组。

必须指出的是，不能将区域内全部连续可调电压无功源都下发控制目标无功功率输出期望值遥调指令，必须保留一定数量的连续可调电压无功源作为电网动态无功功率支撑点，下发控制目标电压期望值。这样在电网电压波动时，作为电网动态无功功率支撑点的连续可调电压无功源可快速响应电压波动，调节无功功率输出，满足电网电压控制目标。所以对于电网电压波动较大或对电压控制更加严格的区域，需要保留更多的电网动态无功功率支撑点，以应对电压波动。

按目前主流的三级电压控制模式中协调二级电压控制算法可直接计算得到各连续可调电压无功源的无功功率输出期望值，同时获得各连续可调电压无功源的电压期望值。因此，无论向连续可调电压无功源下发无功功率或电压控制指令值，不需修改协调二级电压控制算法。

2.2 AVC控制指令选择系统

根据所提连续可调电压无功源 AVC 控制指令选择方法，形成连续可调电压无功源 AVC 控制指令选择系统，如图 2-1 所示。

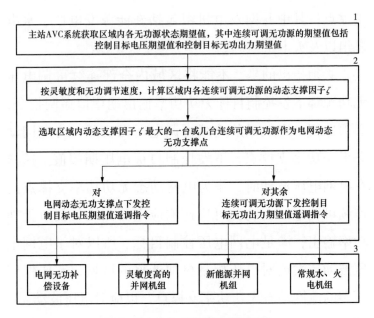

图2－1 AVC控制指令选择系统

图2－1中，其中1为连续可调电压无功源状态期望值获取单元，用于根据SCADA实时数据和状态估计结果，利用主站AVC系统获取区域内各连续可调电压无功源状态期望值。2为动态支撑因子计算单元，用于依据连续可调电压无功源对各条中枢母线的灵敏度系数和在单位时间内的最大无功功率改变量计算动态支撑因子；电网动态无功功率支撑点选取单元用于依据连续可调电压无功源的动态支撑因子大小，选取连续可调电压无功源作为电网动态无功功率支撑点。3为指令发放单元，用于对电网动态无功功率支撑点下发控

制目标电压期望值遥调指令，对其余连续可调电压无功源下发控制目标无功功率输出期望值遥调指令。

所提连续可调电压无功源 AVC 控制指令选择系统与现有 AVC 系统相结合，如图 2 - 2 所示。AVC 主站系统获取区域内各电压无功源状态期望值，采用常规三级电压控制模式的三级、二级电压控制优化计算方法，具体过程如下：

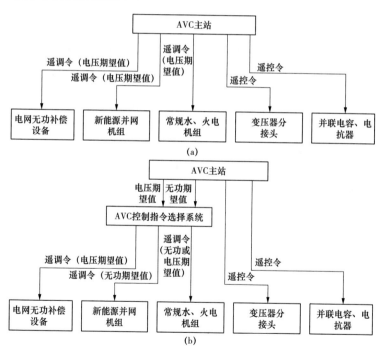

图 2 - 2　现有 AVC 系统控制及所提 AVC 控制指令选择系统与现有 AVC 系统相结合示意图

（a）现有 AVC 系统控制示意图；
（b）所提 AVC 控制指令选择系统与现有 AVC 系统相结合示意图

（1）AVC 主站三级控制器根据状态估计结果，以全局最优潮流方法优化计算得到各区域中枢母线电压期望值。

（2）AVC 主站二级控制器按中枢母系电压实时值不偏离期望值的目标，以协调二级电压控制方法计算得到区域内各电压无功源状态期望值，其中各连续可调电压无功源的状态期望值包括控制目标电压期望值和控制目标无功功率输出期望值。

图 2-2 中，AVC 主站系统算出变压器分接头、并联电容/电抗器等离散可调电压无功源的动作期望值，下发作为遥控指令；同时算出电网无功功率补偿设备、新能源并网机组、常规水/火等连续可调电压无功源的电压期望值和无功功率期望值，下发电压期望值作为遥调指令，无功功率期望值不下发。AVC 主站系统算出的离散可调电压无功源的动作期望值仍按原方式下发；算出的连续可调电压无功源的电压期望值和无功功率期望值都给 AVC 控制指令选择系统，按各连续可调电压无功源不同的动态支撑因子，通过选择后分别下发电压期望值或无功功率期望值作为遥调指令。

2.3 算例验证

为验证所提 AVC 控制指令选择方法的控制效果，

将所提 AVC 控制指令选择方法与现有控制指令，在一个典型的二级电压控制区域（见图 2 - 3）进行仿真计算。区域内有两台连续可调电压无功源，G1 为并网发电厂等值机组，G2 为电网无功功率补偿设备，中枢母线为 BUS3，BUS1、BUS2 分别为 G1、G2 并网母线。G1、G2 对 BUS3 的灵敏度均为 0.1，G1 对 BUS1、BUS2 的灵敏度分别为 0.12、0.05，G2 对 BUS1、BUS2 的灵敏度分别为 0.05、0.12，G1、G2 的无功功率调节速度分别为 0.198 p. u.、0.3 p. u.。二级电压控制采用典型的 CSVC 控制方法，以中枢母线 BUS3 电压偏差最小为控制目标。BUS3 电压期望值由三级电压控制器提

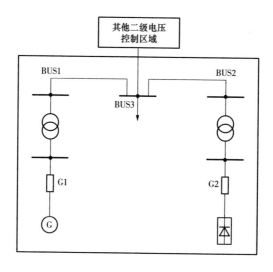

图 2 -3　典型二级电压控制区域示意图

供，为 1.1p.u.。BUS1、BUS2、BUS3 当前电压为
1.02p.u.、1.02p.u.、1.0p.u.，母线电压的控制死区均
为 0.01p.u.，上、下限均为 [0.85p.u.，1.25p.u.]，
G1、G2 当前无功功率输出为 0.3p.u.。

按所提连续可调电压无功源 AVC 控制指令选择方
法，对此区域两台连续可调电压无功源进行仿真控制，
具体如下：

（1）本算例中采用典型的三级电压控制模式，中
枢母线 BUS3 电压期望值由三级电压控制器提供。二级
电压控制采用典型的 CSVC 控制方法，以 BUS3 电压偏
差最小为控制目标，优化计算得到 G1、G2 无功功率输
出期望值和 BUS1、BUS2 电压期望值。G1、G2 无功功
率输出期望值均为 0.7975p.u.，BUS1、BUS2 电压期
望值均为 1.1046p.u.。

（2）按下列公式，计算本算例中 G1、G2 动态支
撑因子 ζ_1、ζ_2

$$\begin{cases} \zeta_1 = k_1 C_{pg1} + k_2 \Delta Q_{\Delta t1} \\ \zeta_2 = k_1 C_{pg2} + k_2 \Delta Q_{\Delta t2} \end{cases} \quad (2-2)$$

式中：C_{pg1}、C_{pg2} 为 G1、G2 对 BUS3 的灵敏度系数
（标幺值）；$\Delta Q_{\Delta t1}$、$\Delta Q_{\Delta t2}$ 为无功功率调节速度（标
幺值）；k_1 和 k_2 分别为灵敏度权重和无功功率调节
速度权重，$k_1 = 100 \gg k_2 = 10$。$\zeta_1 = 10 + 0.96 =$

10. 96，$\zeta_2 = 10 + 3 = 13$，$\zeta_1 < \zeta_2$。

选取区域内动态支撑因子 ζ 最大的 G2 作为本算例电网动态无功功率支撑点，下发控制目标电压期望值遥调指令，即 BUS2 电压期望值 1. 1046p. u. ；对 G1 下发控制目标无功功率输出期望值遥调指令，即 G1 无功功率输出期望值 0. 7975p. u. 。

（3）按所提连续可调电压无功源 AVC 控制指令选择方法，对 G1 下发 G1 无功功率输出期望值 0. 7975p. u. ，G2 下发 BUS2 电压期望值 1. 1046p. u. 。按现有控制指令方法，分别对 G1、G2 下发 BUS1、BUS2 电压期望值 1. 1046p. u. 。两者控制结果对比见表 2 − 1。

表 2 − 1　　　　　　　　两者控制结果

项目	计算最优工况（p. u. ）	所提方法（p. u. ）	现有方法（p. u. ）
BUS1	1. 1046	1. 1066	1. 1006
BUS2	1. 1046	1. 1037	1. 1118
BUS3	1. 1	1. 1004	1. 1005
G1	0. 7975	0. 7978	0. 698
G2	0. 7975	0. 7975	0. 9

从表 2 − 1 可知，采用所提 AVC 控制指令选择方法实际控制结果与期望值一致，确保了电网运行在最佳工况下，保证了电网安全经济优质运行。而采用现

有 AVC 控制指令的方法，实际控制中，电网无功功率补偿设备 G2 调节速度较快，其无功功率输出达到 0.9p.u. 时，调节速度较慢的 G1 无功功率输出为 0.698p.u.，中枢母线 BUS3 电压已达到 1.1005p.u.（已达标），但此时出现无功功率调节失衡，G2 比期望值抢发了 0.1025p.u. 的无功功率，电网运行状态偏离了最佳工况，不利于电网安全经济优质运行。

第3章
AVC控制模式优化技术

现有 AVC 主要的两种模式都存在一个问题：即无法做到全局最优值。三级控制模式中三级电压控制中得到结果虽为全局最优值，但经过二级电压控制协调后，所得到的结果仅为具有与全局最优值相同区域中枢母线电压的可行值，与真实的全局最优值相去甚远；类九区图控制模式中计算得到与上一时刻状态最接近的可行值，也不是全局最优值。此外，两种模式均需要对同一个调度范围内的电网进行人为分区，目前电网连接日益紧密，将电网分为相互影响很小的若干区域越来越困难，若分区不恰当，则可能造成控制的失衡。针对这一问题，本章提出一种不需要进行电网分区，在满足电网各母线电压需求的同时以全局无功功率潮流最优为控制目标，能够进一步降低网损，实现电网全局最优经济运行的以全局最优为目标的电网自动电压控制方法及系统。

3.1 原有控制模式

现有 AVC 系统主要有两种模式：①三级电压控制模式，即整个控制系统分为三个层次：三级、二级电压控制为各级电网调控中心主站集中控制，控制时间常数一般是分钟级；三级电压控制根据状态估计结果，按全网最优经济为目标，计算得到各区域中枢母线电压期望值；二级电压控制将电网分为若干区域，根据SCADA 实时采样数据，按中枢母线电压实时值与期望值偏离最小为目标，计算得到各电压无功源的状态期望值；一级电压控制为电压无功源就地控制，控制无功功率或母线电压跟踪期望值。②类九区图控制模式，即将电网分为若干区域后，根据区域中枢母线电压和无功功率的缺、盈，控制电容/电抗器投退或变压器分接头位置调整、发电机组增加或减少无功功率输出。

目前 AVC 系统主流模式为三级电压控制模式，即整个控制系统分为三个层次。三级、二级电压控制为各级电网调控中心主站集中控制，控制时间常数一般是分钟级。三级电压控制根据状态估计结果，按全局最优的目标（主要是满足电压质量的前提下网损最小）计算输出各区域中枢母线电压期望值。二级电压控制按中枢母系电压实时值不偏离期望值（来自三级电压控

制）的目标，协调控制区域内各电压无功源，将计算得
到各电压无功源状态期望值以控制指令的形式发给一
级电压控制。一级电压控制为电压无功源就地控制，
按主站控制指令调节电压无功源无功功率输出，控制
时间常数一般是秒级。电压无功源可分为连续可调电
压无功源（并网机组和电网动态无功功率补偿设备）与
离散可调电压无功源（并联电容/电抗器和变压器）。

二级电压控制承上启下，目前一般采用协调二级
电压控制（coordinated secondary voltage control，CSVC）
方法，其数学模型如下

$$\min r \parallel (U_p - U_p^{ref}) + C_{pg}\Delta Q_g \parallel^2 + h \parallel \theta \parallel^2 \quad (3-1)$$

$$\begin{cases} Q_g^{min} \leqslant Q_g + \Delta Q_g \leqslant Q_g^{max} \\ U_c^{min} \leqslant U_c + C_{cg}\Delta Q_g \leqslant U_c^{max} \\ C_{vg}\Delta Q_g \leqslant \Delta U_H^{max} \end{cases} \quad (3-2)$$

式中：U_p 和 U_p^{ref} 分别为中枢母线实时电压和目标电压；
C_{pg} 为连续可调电压无功源对中枢母线的灵敏度系数矩
阵；ΔQ_g 为连续可调电压无功源无功功率调整期望值；
r 和 h 为权重系数；θ 为无功功率协调向量（参与因
子），其意义是利用发电机数目大于中枢母线数目、具
有一定自由度的特点，实现对无功功率潮流均衡分布
的调整；Q_g、Q_g^{max}、Q_g^{min} 分别为连续可调电压无功源当

前无功功率输出、无功功率上限和下限；U_c、U_c^{max}、U_c^{min} 分别为关键母线当前电压、电压上限和下限；C_{cg} 为连续可调电压无功源对关键母线的灵敏度系数矩阵；C_{vg} 为连续可调电压无功源对控制母线的灵敏度系数矩阵；ΔU_H^{max} 为每次控制母线电压最大调节量。式中电压、无功功率等物理量可用标幺值或者有名值，采用有名值时电压单位为 kV、无功功率单位为 kvar。

3.2 以全局最优为目标的电网自动电压控制技术

随着电网无功功率、电压调控手段的丰富，SCADA 实时采样数据准确性、及时性和完整性的提高，状态估计遥测合格率长期保持在 99% 以上，计算数据大幅度提高，以电网全局最优值为控制目标成为可能。本节提出了一种以全局最优为目标的电网自动电压控制方法及系统。

3.2.1 以全局最优为目标的电网自动电压控制方法

所提出的一种以全局最优为目标的电网自动电压控制方法，实施步骤(见图 3 - 1)包括：

（1）按计算周期获取电网实时状态数据和状态估

计结果。

（2）若状态估计结果收敛且遥测合格率大于等于门槛值，则跳转执行步骤(3)，否则，跳转执行步骤(4)。

（3）根据状态估计结果，对所调度范围内的电网按全局优化方法计算得到各电压无功源的状态期望值，所述各电压无功源的状态期望值包括连续可调电压无功源的无功功率输出和并网电压、电容和电抗器投或退状态、变压器分接头位置；跳转执行步骤(7)。

（4）检查各母线电压是否超标，若母线电压超标，则执行步骤(5)；否则执行步骤(6)。

（5）将各离散可调电压无功源的状态期望值均赋值为上一个计算周期的状态期望值，按上一个周期的母线电压期望值作为本周期母线电压期望值，根据实时数据，按协调二级电压控制方法计算得到各连续可调电压无功源的状态期望值；所述离散可调电压无功源的状态期望值包括电容和电抗器投或退状态、变压器分接头位置，且不包括连续可调电压无功源的状态期望值；所述连续可调电压无功源的状态期望值包括连续可调电压无功源的无功功率输出和并网电压，且不包括离散可调电压无功源的状态期望值；所述连续可调电压无功源包括电网动态无功功率补偿设备、并网新能源发电厂、并网常规水电机组、火电机组四种无功功率输出连续可调装置；跳转执行步骤(7)。

（6）将各电压无功源的状态期望值均赋值为上一个计算周期的状态期望值，继续执行步骤(7)。

（7）将本计算周期的状态期望值以遥调或遥控指令下发给各电压无功源类型执行。

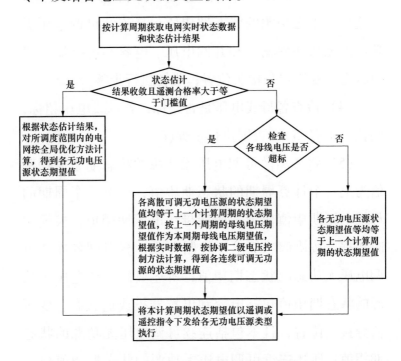

图 3-1 所提方法的基本流程示意图

其中，步骤(3)中对所调度范围内的电网按全局优化方法计算得到各电压无功源的状态期望值的详细步骤包括：以全局网损最小为目标函数，以电网功率平衡、电压上下限、有功/无功功率输出上下限为边界条件，以电压无功源状态期望值为控制变量，按预设的在线优化算法，开展电网最优潮流计算方法，得到各电压无功源的状态期望值。

其中，所述预设的在线优化算法的数学模型如式(3-3)和式(3-4)所示

$$\min f(x) \qquad (3-3)$$

$$\begin{cases} g(x) = 0 \\ h^{\min} \leqslant h(x) \leqslant h^{\max} \end{cases} \qquad (3-4)$$

式(3-3)和式(3-4)中：x 为作为控制变量的各电压无功源的状态期望值，包括连续可调电压无功源的无功功率输出和并网电压、电容和电抗器投或退状态、变压器分接头位置；$f(x)$ 为目标函数，采用全局网损最小；$g(x)$ 为等式边界条件，采用电网有功/无功功率平衡；$h(x)$ 为不等式边界条件，采用母线电压或无功功率输出上、下限 $h^{\max}$、$h^{\min}$。

其中，所述预设的在线优化算法采用原对偶内点法或牛顿拉逊方法。

步骤(5)中按协调二级电压控制方法计算得到各连续可调电压无功源的状态期望值的详细步骤包括：以母线电压实时值与期望值偏差量最小为控制目标，以各连续可调电压无功源期望值本周期内可达到上下限

为边界条件，按各连续可调电压无功源与母线电压的灵敏度，开展预设的母线电压优化控制方法，得到各连续可调电压无功源的状态期望值。

其中，开展预设的母线电压优化控制方法的数学模型如式(3-5)和式(3-6)所示

$$\min r \parallel (U_p - U_p^{ref}) + C_{pg}\Delta Q_g \parallel^2 + h \parallel \theta \parallel^2 \quad (3-5)$$

$$\begin{cases} Q_g^{min} \leqslant Q_g + \Delta Q_g \leqslant Q_g^{max} \\ U_c^{min} \leqslant U_c + C_{cg}\Delta Q_g \leqslant U_c^{max} \\ C_{vg}\Delta Q_g \leqslant \Delta U_H^{max} \end{cases} \quad (3-6)$$

式(3-5)和式(3-6)中：U_p 和 U_p^{ref} 分别为中枢母线实时电压和目标电压；C_{pg} 为连续可调电压无功源对中枢母线的灵敏度系数矩阵；ΔQ_g 为连续可调电压无功源无功功率调整期望值；r 和 h 为权重系数；θ 为无功功率协调向量；Q_g、Q_g^{max}、Q_g^{min} 分别为连续可调电压无功源当前无功功率输出、无功功率上限和下限；U_c、U_c^{max}、U_c^{min} 分别为关键母线当前电压、电压上限和下限；C_{cg} 为连续可调电压无功源对关键母线的灵敏度系数矩阵；C_{vg} 为连续可调电压无功源对控制母线的灵敏度系数矩阵；ΔU_H^{max} 为每次控制母线电压最大调节量。

其中，步骤(1)中的计算周期为分钟级，取值范围为 1~60min；步骤(1)中的计算周期为 5min；步骤(2)

中的门槛值为99%。

3.2.2 以全局最优为目标的电网自动电压控制系统

本节还提供一种以全局最优为目标的电网自动电压控制系统(见图3-2),包括:

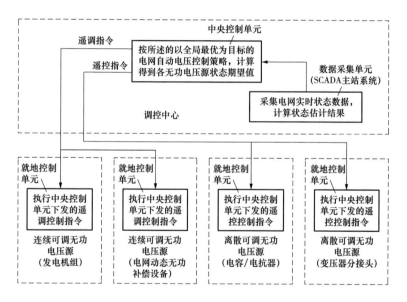

图3-2 所提系统的基本框架结构示意图

(1)数据采集单元,用于按计算周期获取电网实时状态数据和状态估计结果。

(2)中央控制单元,用于进行状态期望值计算,若状态估计结果收敛且遥测合格率大于等于门槛值,则根据状态估计结果，对所调度范围内的电网按全局优化方法计算得到各电压无功源的状态期望值，所述各电压无功源的状态期望值包括连续可调电压无功源的无功功率输出和并网电压、电容和电抗器投或退状态、变压器分接头位置；否则，检查各母线电压是否超标，若母线电压超标，则将各离散可调电压无功源的状态期望值均赋值为等于上一个计算周期的状态期望值，按上一个周期的母线电压期望值作为本周期母线电压期望值，根据实时数据，按协调二级电压控制方法计算得到各连续可调电压无功源的状态期望值；所述离散可调电压无功源的状态期望值包括电容和电抗器投或退状态、变压器分接头位置，且不包括连续可调电压无功源的状态期望值；所述连续可调电压无功源的状态期望值包括连续可调电压无功源的无功功率输出和并网电压，且不包括离散可调电压无功源的状态期望值；所述连续可调电压无功源包括电网动态无功功率补偿设备、并网新能源发电厂、并网常规水电机组、火电机组四种无功功率输出连续可调装置设备；否则若母线电压不超标，则将各电压无功源的状态期望值均赋值为等于上一个计算周期的状态期望值。

（3）就地控制执行单元，用于将本计算周期的状态期望值以遥调或遥控指令下发给各电压无功源类型执行。

（4）所述数据采集单元具体为 SCADA 主站系统。

（5）所述中央控制单元部署在调度控制中心作为自动电压控制 AVC 三级控制系统中的三级和二级电压控制层，对于连续可调电压无功源，中央控制单元将状态期望值作为遥调指令下发；对于离散可调电压无功源，中央控制单元将状态期望值作为遥控指令下发；所述就地控制执行单元部署在各电压无功源，作为自动电压控制 AVC 三级控制系统中的一级控制层，在满足安全边界条件的前提下，执行中央控制单元下发的遥调或遥控指令。

以全局最优为目标的电网自动电压控制方法具有下述优点：首先按计算周期获取电网实时状态数据和状态估计结果，若状态估计结果收敛且遥测合格率大于等于门槛值，则根据状态估计结果，对所调度范围内的电网按全局优化方法计算得到各电压无功源的状态期望值，否则，检查各母线电压是否超标，若母线电压超标，则将各离散可调电压无功源的状态期望值均赋值为上一个计算周期的状态期望值，按上一个周期的母线电压期望值作为本周期母线电压期望值，根据实时数据，按协调二级电压控制方法计算得到各连续可调电压无功源的状态期望值；若母线电压不超标，则将各电压无功源的状态期望值均赋值为上一个计算周期的状态期望值；最终，将本计算周期的状态期望值以遥调或遥控指令下发给各电压无功源类型执行，不需对同一个调度范围内的电网分区，在实时数据质量(准确性、及时性、完整性)满足要求时，即状态估计结果收敛且遥测合格率大于门槛值，以全局无功功率潮流最优为控制目标进行全局优化控制；在实时数据质量不满足要求时，采用协调二级电压控制方法仅有限度地调整连续电压无功源的无功功率输出，在实时数据质量满足要求时可进一步降低网损，实现电网全局最优经济运行；在实时数据质量不满足要求时，既最大程度保证了控制安全性，又有效地避免了电容/电抗器的频繁投切和变电器分接头频繁调整。

第4章
AVC控制目标优化技术

对于地区电网而言,10kV 母线电压值是主要的控制目标。但现有的地区电网 AVC 的 10kV 母线电压的控制目标值均设置为 9.5 ~ 10.15kV(下限值)到 10.6 ~ 10.95kV(上限值)。区间宽度有 0.7kV。然而不同于省级主干网,地区电网电压控制最重要的目的之一即是提升用户电压合格率,而非追求满足母线电压合格前提下的网损最小。在部分地区,如山地电网,由于用户分布更为分散,负荷潮流波动更大,如果 10kV 母线电压按原有 0.7kV 的正常区间宽度控制,用户侧很可能会出现电压越限。故,本章提出了一种 10kV 母线电压控制目标值优化方法和系统。

4.1 10kV 母线电压控制目标值优化方法

所提出的 10kV 母线电压控制目标值优化方法,实施步骤(见图 4 - 1)包括:

(1)确定目标 10kV 母线的计算参考日。

(2)分别统计计算参考日内供电区域内台区电压

的正常、过压、欠压占比。

（3）根据正常、过压、欠压占比确定目标 10kV 母线供电范围内配网电压情况。

（4）根据目标 10kV 母线供电范围内配网电压情况生成本计算周期目标 10kV 母线电压目标值。

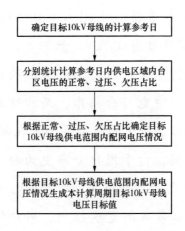

图 4 - 1　所提方法基本流程示意图

4.1.1　取数

步骤(1)的详细步骤包括：

1.1）从调度主站获取目标 10kV 母线与线路的拓扑关系，从配电运检系统获取当前 10kV 线路挂接台区情况，从营销用电采集系统获取当前 10kV 线路各台区电压和电量。

1.2）通过目标 10kV 母线与线路的拓扑关系和当前 10kV 线路挂接台区情况，确定本计算周期目标 10kV 母线供电区域。

1.3）将本计算周期目标 10kV 母线供电区域与上个计算周期目标 10kV 母线供电区域相比较，若目标 10kV 母线供电区域无变化，则选取目标 10kV 母线供电区域本计算周期内最大负荷日作为计算参考日，否则选取获取拓扑关系和挂接情况数据的当日作为计算参考日。

4.1.2 统计

步骤(2)的详细步骤包括：

2.1）针对参考日内供电区域内台区电压，在全部电压点中剔除低于第一门槛电压的电压点，将剩余的电压点数量作为统计电压点数量。

2.2）在剩余的电压点中，将小于第二门槛电压的电压点作为欠压点，大于第三门槛电压的电压点作为过压点，位于第二门槛电压、第三门槛电压之间的电压点作为正常点，将欠压点的数量占统计电压点数量的比值作为欠压占比，将过压点的数量占统计电压点数量的比值作为过压占比，将正常点的数量占统计电压点数量的比值作为正常占比。

4.1.3 判别

步骤（3）的详细步骤包括：

3.1）判断正常占比大于等于过压占比，且欠压占比小于预设比值是否成立，如果成立则判定目标 10kV 母线供电范围内配网电压正常，跳转执行步骤（4）；否则跳转执行下一步。

3.2）判断正常占比小于过压占比，且欠压占比小于预设比值是否成立，如果成立则判定目标 10kV 母线供电范围内配网电压偏高，跳转执行步骤（4）；否则跳转执行下一步。

3.3）判断正常占比大于等于过压占比，且欠压占比大于等于预设比值是否成立，如果成立则判定目标 10kV 母线供电范围内配网电压偏低；跳转执行步骤（4）。

4.1.4 确定

步骤（4）的详细步骤包括：

4.1）判断目标 10kV 母线供电范围内配网电压情况，若目标 10kV 母线供电范围内配网电压正常，则跳转执行步骤 4.2）；若目标 10kV 母线供电范围内配网电压偏高，则跳转执行步骤 4.3）；若目标 10kV 母线供电范围内配网电压偏低，则跳转执行步骤 4.4）；否则跳转执行步骤4.5）。

4.2）判定目标 10kV 母线电压无需优化，设置本计算周期目标 10kV 母线电压目标值的值为上一个计算周期目标 10kV 母线电压目标值，结束并退出。

4.3）判断上一个计算周期目标 10kV 母线电压目标值大于等于 10kV 母线电压下限、预设的单位优化值两者之和是否成立，如果成立则设置本计算周期目标 10kV 母线电压目标值的值为上一个计算周期目标 10kV 母线电压目标值减去预设的单位优化值得到的差值，结束并退出；否则跳转执行步骤4.5）。

4.4）判断上一个计算周期目标 10kV 母线电压目标值小于等于 10kV 母线电压上限减去预设的单位优化值得到的差值是否成立，如果成立则设置本计算周期目标 10kV 母线电压目标值的值为上一个计算周期目标 10kV 母线电压目标值、预设的单位优化值两者之和，结束并退出；否则跳转执行步骤4.5）。

4.5）判定目标 10kV 母线电压无法优化，设置本计算周期目标 10kV 母线电压目标值的值为上一个计算周期目标 10kV 母线电压目标值，结束并退出。

4.2 10kV 母线电压控制目标值优化系统

所提出的 10kV 母线电压控制目标值优化系统，

包括：

（1）计算参考日确定程序单元，用于确定目标10kV母线的计算参考日。

（2）台区电压分类占比计算程序单元，用于分别统计计算参考日内供电区域内台区电压的正常、过压、欠压占比。

（3）配网电压情况分类程序单元，用于根据正常、过压、欠压占比确定目标10kV母线供电范围内配网电压情况。

（4）电压目标值计算程序单元，用于根据目标10kV母线供电范围内配网电压情况生成本计算周期目标10kV母线电压目标值。

整套系统包括数据采集设备、优化处理设备以及电压自动调节设备，所述数据采集设备分别与地区电网调度主站、配电运检系统、营销用电采集系统相连，所述数据采集设备的输出端与优化处理设备相连，所述优化处理设备的输出端与原有AVC系统相连，所述优化处理设备被编程或配置以执行所述可提升配电网电压合格率的10kV母线电压优化方法的步骤，或所述优化处理设备的存储介质上存储有被编程或配置以执行所述可提升配电网电压合格率的10kV母线电压优化方法的计算机程序。

和现有技术相比，所提方法具有下述优点：所提方法通过比较计算参考日 10kV 母线供电区域内台区电压正常、过压、欠压占比情况，优化 10kV 母线电压目标值，将优化后的 10kV 母线电压目标值传输给电网 AVC 系统执行，所提方法通过优化 10kV 母线电压，达到提升配电网电压合格率的目的，既不降低 10kV 母线电压合格率，又提高了配电网电压合格率，充分利用 10kV 及以上主电网的无功功率资源，减低了配电网电压调控成本。所提方法能够在确保 10kV 母线电压自身合格的基础上优化 10kV 母线电压，实现配电网电压合格率的提升，可用于提升配电变压器低压侧 400V 电网的电压合格率。

4.3　算例验证

按上文所提方法，本算例中计算周期为 10kV 母线电压优化计算周期，一般为 1 个月。全部电压点采样为 4 个电压点/天，第一门槛电压取值为 110V，第二门槛电压取值为 198V，第三门槛电压取值为 228V。

因此，步骤 2.1）会剔除低于 110V 的电压点，统计电压点数量 = 全部电压点数量 − 低于 110V 的电压点数量；步骤 2.2）中计算的个占比为：

正常占比 = 不小于 198V 且不大于 228V 的电压点

数量/统计电压点数量；

过压占比＝大于 228V 的电压点数量/统计电压点数量；

欠压占比＝小于 198V 的电压点数量/统计电压点数量。

本算例中，步骤（3）的详细步骤中，10kV 母线电压上限为 10.7kV，10kV 母线电压下限为 10kV，预设的单位优化值为 0.1kV。

需要说明的是，10kV 母线电压下限、10kV 母线电压上限、预设的单位优化值的上述数值仅仅是本算例的可选实施实例，本领域技术人员可以根据需要进行人为设定。

本算例中的具体过程包括：

（1）从采集单元获取配电网和当前 10kV 母线相关数据。

（2）当前 10kV 母线连接 4 条 10kV 线路，共挂接台区 240 个。

（3）与 6 月相比当前 10kV 母线供电区域无变化。

（4）6 月当前 10kV 母线最高负荷为 6 月 25 日，选取该日为计算参考日，统计该日台区电压情况：全部电压点数量＝960，低于 110V 的电压点数量＝22，不小于 198V 且不大于 228V 的电压点数量＝325，大于

228V 的电压点数量 = 571，小于 198V 的电压点数量 = 42；统计电压点数量 = 960 - 22 = 938，正常占比 = 325/938 = 34.6%，过压占比 = 571/938 = 60.9%，欠压占比 = 42/938 = 4.5%。

（5）正常占比 34.6% < 过压占比 60.9%，且欠压占比 4.5% < 5%。

（6）根据统计确定当前 10kV 母线供电范围内用户电压偏高。上一个计算周期当前 10kV 母线电压目标值 10.4 ≥ 10kV 母线电压下限 + 单位优化值 = 10.1kV。

（7）本计算周期当前 10kV 母线电压目标值 = 10.4kV - 0.1kV = 10.3kV。

（8）将本计算周期当前 10kV 母线电压目标值 10.3kV 传输给电网 AVC 系统执行。

AVC连续、离散设备协调优化技术

AVC 系统中有两类无功功率补偿设备，一类可连续改变无功功率输出的连续设备，如各类发电机、SVC、SVG、STATCOM、调相机等；另一类为不可连续改变无功功率输出的离散设备，如电容器、电抗器和变压器挡位等。连续设备与离散设备的协调优化问题，也是地区电网 AVC 控制策略的难点问题。本章和第 6 章提出了两种不同的连续设备与离散设备协调控制技术。

5.1 现有 AVC 系统离散连续变量协调优化方法

早期的 AVC 系统只能单独对其中一类资源进行统一协调控制。随着电网规模的不断扩大，电网结构日益复杂，电网侧动态无功功率补偿设备（如 SVC、SVG、STATCOM、调相机等）不断增加，要求新一代 AVC 系统能对全网无功功率资源开展统一控制。AVC 系统面临离散、连续电压无功源协调优化控制问题。

传统 AVC 系统中三级控制模式没有考虑对离散无功功率资源的控制。传统 AVC 系统中对离散无功功率资源的控制一般依靠所在变电站九区图控制模式及地区电网类九区图控制模式，根据目标电压和无功功率的

缺、盈，控制离散无功功率资源调整。当某个离散无功
功率资源调整次数过多、过密时，闭锁相应的控制设
备，以限制调整次数。这种模式优点是控制方法简单，
最大的不足是优化效果较差，无降低网损的功能。

5.2　基于离散变量连续化的协调优化方法

　　针对现有技术的上述问题，本章提供一种通过将
离散变量连续化的方法在传统自动化电压控制（AVC）
系统基础上实现离散、连续电压无功源的协调优化控
制，在满足电网电压、无功功率控制目标的基础上降
低开关类设备动作次数、降低网损，实现电网最优经
济运行的电网自动电压优化控制方法。

　　一种基于离散变量连续化的连续、离散设备协调
控制方法，实施步骤（见图5－1）包括：

　　（1）获取电网实时状态数据和状态估计结果。

　　（2）将全部离散无功功率资源按当前状态固定不
变，进行第一次三级电压控制求解；所述全部离散无
功功率资源包括并联电容、电抗器以及变压器变比，
当前状态包括投/切状态以及分接头位置。

　　（3）若第一次三级电压控制有可行解，且第一次
三级电压控制求解得到最优解一所对应的网损率比小
于预设门槛值，则跳转执行步骤（4），否则跳转执行步

骤（5）。

（4）保持各离散无功功率资源的期望值不变，本计算周期内各离散无功功率资源状态不变，将最优解一中各区域的中枢母线电压值作为期望值，跳转执行步骤（8）。

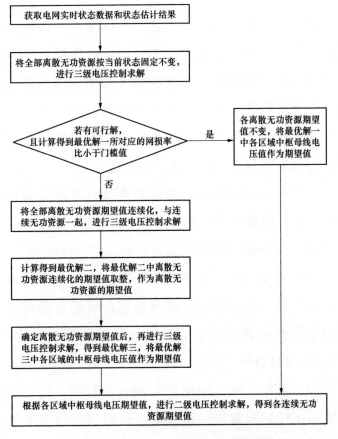

图 5 - 1　所提方法的基本流程示意图

（5）将全部离散无功功率资源的期望值连续化，与连续无功功率资源一起，进行第二次三级电压控制求解，跳转执行步骤(6)。

（6）第二次三级电压控制求解得到最优解二，将最优解二中离散无功功率资源的连续化的期望值取整，作为离散无功功率资源的期望值，本计算周期内各离散无功功率资源的状态按期望值进行调整，跳转执行步骤(7)。

（7）确定离散无功功率资源的期望值后，再进行第三次三级电压控制求解，得到最优解三，将最优解三中各区域中枢母线电压值作为期望值，跳转执行步骤(8)。

（8）根据各区域的中枢母线电压期望值，进行二级电压控制求解，得到各连续无功功率资源的期望值。

其中，步骤(3)中网损率的计算函数表达式如式(5-1)所示

$$lossrate = (P_{in} - P_{out})/P_{in} \times 100\% \quad (5-1)$$

式中：$lossrate$ 为网损率；P_{in} 为电网各电源有功功率；P_{out} 为电网总负荷。式中有功功率等物理量可用标幺值或者有名值，采用有名值时有功单位为 kW。

其中，步骤(2)中的全部离散无功功率资源包括并联电容、并联电抗器以及有载调压变压器变比，所述

当前状态包括投/切状态以及分接头位置；步骤(5)中将全部离散无功功率资源的期望值连续化时，并联电容的期望值连续化为 $[-Q_R, 0]$，其中 Q_R 为电容器额定无功功率；并联电抗器的期望值连续化为 $[0, Q_L]$，其中 Q_L 为电抗器额定无功功率；有载调压变压器变比的期望值连续化为 $[TR_1, TR_2]$，其中 TR_0、TR_1、TR_2 分别为变压器分接头在当前位置、上调 1 挡和下调 1 挡对应的变比值，$TR_1 \geqslant$ 最小变比，$TR_2 \leqslant$ 最大变比。

其中，步骤(6)中将最优解二中离散无功功率资源的连续化的期望值取整时，对于并联电容，若其连续期望值 $|Q_r| \geqslant Q_R/2$，取 $-Q_R$ 为期望值，即该并联电容器投，否则取 0 为期望值，即该并联电容器切；对于并联电抗器，若其连续期望值 $|Q_l| \geqslant Q_L/2$，取 Q_L 为期望值，即该并联电抗器投，否则取 0 为期望值，即该并联电抗器切；对于有载调压变压器变比，若其连续期望值 $tr \geqslant (TR_2 + TR_0)/2$，取 TR_2 为期望值，即变压器分接头上调 1 挡，$tr \leqslant (TR_0 + TR_1)/2$，取 TR_1 为期望值，即变压器分接头下调 1 挡，否则取 TR_0 为期望值，即变压器分接头挡位不变。

其中，步骤(2)、步骤(5)和步骤(7)中的三级电压控制求解具体是指以全局网损最小为目标函数，以电网功率平衡、电压上下限、有功/无功功率输出上下

限为边界条件，以连续量形式的无功功率资源期望值
为控制变量，按照预设的在线优化算法，开展电网最
优潮流计算，得到连续量形式的无功功率资源期望值。

步骤(2)和步骤(7)中的三级电压控制求解过程中
连续量形式的无功功率资源期望值只包括连续无功功
率资源期望值，步骤(5)中的三级电压控制求解过程中
连续量形式的无功功率资源期望值包括连续无功功率
资源期望值和连续化的离散无功功率资源期望值。

其中，所述预设的在线优化算法的数学模型如式
(5 - 2)和式(5 - 3)所示

$$\min f(x) \tag{5 - 2}$$

$$\begin{cases} g(x) = 0 \\ h^{\min} \leqslant h(x) \leqslant h^{\max} \end{cases} \tag{5 - 3}$$

式(5 - 2)和式(5 - 3)中：x 为作为控制变量的连续量
形式的无功功率资源期望值；$f(x)$ 为目标函数，采用
全局网损最小；$g(x)$ 为等式边界条件，采用电网有功/
无功功率平衡；$h(x)$ 为不等式边界条件，采用母线电
压或无功功率输出上、下限 $h^{\max}$、$h^{\min}$。

所述预设的在线优化算法采用原对偶内点法或牛
顿拉夫逊方法。

步骤(8)中进行二级电压控制求解具体是指：以母
线电压实时值与期望值偏差量最小为控制目标，以各

连续无功功率资源期望值本周期内可达到上下限为边界条件，按各连续无功功率资源与母线电压的灵敏度，开展预设的母线电压优化控制方法，得到各连续无功功率资源期望值。

其中，所述预设的母线电压优化控制方法的数学模型如式（5-4）和式（5-5）所示

$$\min r \parallel (U_p - U_p^{ref}) + C_{pg}\Delta Q_g \parallel^2 + h \parallel \theta \parallel^2 \quad (5-4)$$

$$\begin{cases} Q_g^{min} \leqslant Q_g + \Delta Q_g \leqslant Q_g^{max} \\ U_c^{min} \leqslant U_c + C_{cg}\Delta Q_g \leqslant U_c^{max} \\ C_{vg}\Delta Q_g \leqslant \Delta U_H^{max} \end{cases} \quad (5-5)$$

式（5-4）和式（5-5）中：U_p 和 U_p^{ref} 分别为中枢母线实时电压和目标电压；C_{pg} 为连续无功功率资源对中枢母线的灵敏度系数矩阵；ΔQ_g 为连续无功功率资源无功功率调整期望值；r 和 h 为权重系数；θ 为无功功率协调向量；Q_g、Q_g^{max}、Q_g^{min} 分别为连续无功功率资源当前无功功率输出、无功功率上限和下限；U_c、U_c^{max}、U_c^{min} 分别为关键母线当前电压、电压上限和下限；C_{cg} 为连续无功功率资源对关键母线的灵敏度系数矩阵；C_{vg} 为连续无功功率资源对控制母线的灵敏度系数矩阵；ΔU_H^{max} 为每次控制母线电压最大调节量。

基于离散变量连续化的连续、离散设备协调控制

方法具有下述优点：首先考虑在不调整离散无功功率资源期望值，即开关类设备不动作情况，仅调整连续无功功率资源，进行第一次三级电压控制，实现电网电压与经济运行等控制目标；若无可行解或网损率过大，则先将离散无功功率资源期望值连续化，与连续无功功率资源一起，进行第二次三级电压控制；优化后，固定离散无功功率资源期望值，对连续无功功率资源再进行第三次三级电压控制；二次优化后，得到各区域中枢母线电压期望值，再进行二级电压控制，最终得到各连续无功功率资源期望值。实现了离散、连续无功功率资源统一协调优化控制；优先考虑调整连续无功功率资源，以达到自动电压控制和最优经济运行等目标，有效降低了开关类设备动作次数；控制方法建立在传统 AVC 系统基础上，无需增加新的系统与硬件，也没有改变传统 AVC 控制模式，便于实施。

基于综合成本的连续、离散协调优化技术

  控制对并联电容器、有载调压变压器等离散无功设备的损耗远大于发电机组、SVG等连续无功设备。从降低含网损和设备损耗在内的综合成本的角度，本章提出了一种基于综合成本的连续、离散协调优化方法，给出了对应的基于改进遗传算法的计算方法。IEEE-14节点系统上的仿真比对结果表明，所提策略比传统的不考虑离散设备损耗的控制策略更为合理，特别是在电网负荷周期变化情况下，所提策略有效地避免了离散设备反复动作。

6.1 基于综合成本的连续、离散协调优化方法

  早期的 AVC 系统控制对象往往局限于连续或离散设备。随着电力系统的发展，全局协调控制模式的 AVC 系统已取代了分散控制模式，同时对连续无功功率和离散设备协调控制。有文献从连

续、离散设备的控制特性出发，提出了"离散设备优先动作、连续设备精细调节"的控制原则，并成为现有 AVC 系统连续、离散设备协调控制主流思路。

然而从设备损耗的角度，输出调整对连续设备和离散设备运检成本的影响差异较大。连续设备通过晶闸管等电力电子类元件控制输出，输出调整对设备损耗很小，调整频次对设备使用寿命可忽略不计。离散设备通过断路器等机械类元件控制输出，输出调整对设备损耗较大，调整频次直接决定设备寿命。故单纯从设备运检成本考虑，连续设备应优先调节，使离散设备尽量少动作。这种控制思路虽然可以减少设备运检成本，但在优化控制效果上将逊于现有主流控制思路，即网损将增加，也将导致电网运检成本增加。如何找到两者之前的一个平衡点，以达到电网最佳经济运行，是亟须解决的一个问题。

本章综合分析离散设备动作造成的运检成本和网损造成的电网成本，从降低电网综合成本的角度，提出了一种基于综合成本的连续、离散协调优化方法，与现有 AVC 系统的三级电压控制模式相结合形成一套协调优化控制系统。

6.2   电网综合成本分析

6.2.1   电网网损成本模型

电网网损 P_{loss} 主要为有功功率在线路上传输的损耗，计算公式如下

$$P_{\text{loss}} = \sum_{i,j} G_{ij}\left[U_i^2 + U_j^2 - 2U_iU_j\cos(\theta_i - \theta_j) \right] \quad (6-1)$$

式中：i、j 为电网支路 ij 两端的节点号；G_{ij} 为支路电导；U_i、U_j、θ_i、θ_j 分别为节点 i、j 的电压幅值和相角。式中电压、电导物理量采用标幺值，相角物理量采用有名值，单位为(°)。

设单位网损造成的成本为 λ，时间 T 内因网损造成的电网网损成本 F_1 计算公式如下

$$F_1 = \lambda \int_T \left\{ \sum_{i,j} G_{ij}\left[U_i^2 + U_j^2 - 2U_iU_j\cos(\theta_i - \theta_j) \right] \right\} \mathrm{d}t$$

$$(6-2)$$

6.2.2   设备运检成本模型

就离散设备而言，动作次数对断路器、分接头等控制部分的损耗远大于本体电气部分。故离散设备动作造成的运检成本主要是指包含购置、检修在内的断路器、分接头全寿命周期成本。

断路器、分接头使用寿命与机械元件动作次数、设备运行时间等多个因素相关。而机械元件动作次数对设备损耗远大于其他因素。因此，断路器、分接头使用寿命也可以用机械元件设计动作次数来表示。

时间 T 内因节点 n 第 k 组并联电容/电抗器投/切动作造成的设备运检成本 $F_{k,n}$ 与因节点 m、l 间有载调压变压器分接头动作造成的设备运检成本 F_{ml}，计算公式分别如下

$$F_{k,n} = \frac{C_{k,n}}{N_{k,n}} \int_T |y_{k,n,t} - y_{k,n,t-1}| \, \mathrm{d}t \qquad (6-3)$$

$$F_{ml} = \frac{C_{ml}}{N_{ml}} \int_T \frac{|z_{ml,t} - z_{ml,t-1}|}{\Delta z_{ml}} \mathrm{d}t \qquad (6-4)$$

式中：C 为对应离散设备全寿命周期成本；N 为对应离散设备机械元件设计动作次数，即设备使用寿命；y 为并联电容/电抗器断路器状态（$y=0$，为断路器断开；$y=1$，为断路器闭合）；z 为有载可调变压器变比；Δz_{ml} 为节点 m、l 间的有载调压变压器分接头单位挡位变化对应的变比变化值；下角 k, n 为节点 n 第 k 组并联电容/电抗器；下角 ml 为节点 m、l 间；下角 t、$t-1$ 分别为当前控制时刻和前一时刻。

6.2.3 电网综合成本模型

从电网全寿命经济运行的角度，电网综合成本应

包括电网网损成本和设备运检成本。根据式(6-2)~式(6-4)，时间 T 内电网综合成本 F 计算公式如下

$$
\begin{aligned}
F &= F_1 + \sum_n \sum_k F_{k,n} + \sum_m \sum_l F_{ml} \\
&= \lambda \Bigg\{ \int_T \Big(\sum_{i,j} G_{ij} \big[U_i^2 + U_j^2 - 2U_i U_j \cos(\theta_i - \theta_j) \big] \Big) \mathrm{d}t \\
&\quad + \sum_n \sum_k \alpha_{k,n} \int_T |y_{k,n,t} - y_{k,n,t-1}| \mathrm{d}t \qquad (6-5) \\
&\quad + \sum_m \sum_l \beta_{ml} \int_T |z_{ml,t} - z_{ml,t-1}| \mathrm{d}t \Bigg\}
\end{aligned}
$$

式中：$\alpha_{k,n}$ 为节点 n 第 k 组并联电容/电抗器单次动作造成成本与单位网损成本的比值，$\alpha_{k,n} = C_{k,n}/(N_{k,n} \times \lambda)$；$\beta_{ml}$ 为节点 m、l 间有载调压变压器分接头单次动作造成成本与单位网损成本的比值，$\beta_{ml} = C_{ml}/(N_{ml} \times \Delta z_{ml} \times \lambda)$。

单位时间电网综合成本 f 计算公式如下

$$
\begin{aligned}
f = \frac{\partial F}{\partial t} = \lambda \Bigg(& P_{loss,t} + \sum_n \sum_k \alpha_{k,n} |y_{k,n,t} - y_{k,n,t-1}| \\
& + \sum_m \sum_l \beta_{ml} |z_{ml,t} - z_{ml,t-1}| \Bigg)
\end{aligned}
$$

$$(6-6)$$

6.3　自动电压控制协调优化策略

6.3.1　协调优化策略数学模型

本节提出了以降低电网综合成本为目标的电网自动电压控制协调优化策略，将式（6-6）给出的单位时间电网综合成本 f 作为目标函数，数学模型如下

$$\min f(x,y,z)$$

$$\begin{cases} g(x,y,z) = 0 \\ h^{\min} \leqslant h(x,y,z) \leqslant h^{\max} \end{cases} \quad (6-7)$$

式中：x 为连续设备和并联电容/电抗器设备的无功功率输出期望值；y 为并联电容/电抗器断路器状态；z 为有载可调变压器变比；x、y、z 均为所提优化策略控制变量；$g(x, y, z)$ 为等式边界条件；$h(x, y, z)$ 为不等式边界条件。

$g(x, y, z)$ 的数学模型如式（6-8）所示

$$\begin{cases} P_i - U_i \sum_{j \in i} U_j (G_{ij}\cos\theta_{ij} + B_{ij}\sin\theta_{ij}) = 0 \\ \sum x_{k,i,t} - Q_i - U_i \sum_{j \in i} V_j (G_{ij}\sin\theta_{ij} - B_{ij}\cos\theta_{ij}) = 0 \\ x_{k,n,t} = y_{k,n,t} U_n^2 B_{kn} \\ V_m / U_l = z_{ml,t} \end{cases}$$

$$(6-8)$$

式中: $x_{k,i,t}$ 为并于节点 i 的第 k 组连续设备或并联电容/电抗器设备的无功功率输出期望值; B_{kn} 为节点 n 第 k 组并联电容/电抗器支路电纳。

$h(x, y, z)$ 的数学模型如式(6-9)所示

$$\begin{cases} x_{k,i}^{\min} < x_{k,i,t} < x_{k,i}^{\max} \\ |x_{k,i,t} - x_{k,i,t-1}| < \Delta x_{k,i} \\ z_{ml}^{\min} < z_{ml,t} < z_{ml}^{\max} \\ |z_{ml,t} - z_{ml,t-1}| < M \cdot \Delta z_{ml} \\ U_i^{\min} < U_i < U_i^{\max} \end{cases} \quad (6-9)$$

式中: $x_{k,i}^{\max}$、$x_{k,i}^{\min}$ 分别为节点 i 的第 k 组连续设备或并联电容/电抗器设备的无功功率输出上、下限; $\Delta x_{k,i}$ 为节点 i 的第 k 组连续设备或并联电容/电抗器设备的单位时间无功功率可调节步长; $z_{ml}^{\max}$、$z_{ml}^{\min}$ 分别为节点 m、l 间有载调压变压器变比上、下限; Δz_{ml} 为节点 m、l 间有载调压变压器分接头单位挡位变化对应的变比变化值; M 为单位时间内有载调压变压器分接头可调挡位数; $U_i^{\max}$、$U_i^{\min}$ 分别为节点 i 电压上、下限。

综合式(6-6)~式(6-9),将电网自动电压控制问题转化为一个以单位时间电网综合成本最小为目标,带边界条件的连续、离散变量协调优化问题。

6.3.2 协调优化控制系统

将所提电网自动电压控制优化策略与现有 AVC 系统的三级电压控制模式相结合，形成一套优化控制系统，如图 6 - 1 所示。

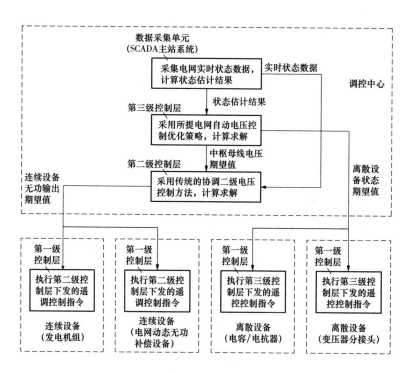

图 6 - 1 协调优化控制系统示意图

上述优化控制系统，仍遵循现有 AVC 系统的三级电压控制模式。其中第三层采用电网自动电压控制优化策略，即式(6-7)，优化计算确定离散设备状态期望值，即 y、z，和区域中枢母线电压期望值。这套优化系统，建立在现有 AVC 系统的基础上，无需增加新的系统与硬件，也没有改变现有 AVC 系统的控制模式，便于实施。

6.4　改进遗传算法求解

为便于计算，将式(6-7)中连续变量离散化处理。本节采用改进遗传算法求解，并做出适当改进，算法流程如图6-2所示。

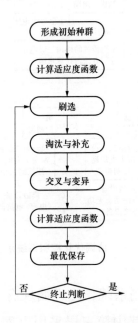

图6-2　改进遗传算法流程图

算法中包含改进部分的关键步骤介绍如下。

6.4.1　编码策略

将每台连续设备无功功率输出期望值 x、每组并联电容/电抗器断路器状态期望值 y、每台有载可调变压器变比期望值 z 均作为一个基因块。并联电容/电抗器无功功率输出期望值由其断路器状态期望值表征。各类型基因块编码策略如下。

（1）连续设备。基因块以二进制编码串的方式表征离散化后的连续设备无功功率输出期望值 x 的取值。以 L 位二进制编码串为例，二进制编码串与连续设备无功功率输出期望值 $x_{k,i,t}$ 的取值对应关系如下

$$\begin{cases} \overbrace{0000\cdots000}^{L} = 0 & \leftrightarrow & x_{k,i,t} = x_{k,i}^{\min} \\ \overbrace{0000\cdots001}^{L} = 1 & \leftrightarrow & x_{k,i,t} = x_{k,i}^{\min} + \dfrac{x_{k,i}^{\max} - x_{k,i}^{\min}}{2^L - 1} \\ \quad\vdots & & \\ \overbrace{1111\cdots111}^{L} = 2^L - 1 & \leftrightarrow & x_{k,i,t} = x_{k,i}^{\max} \end{cases}$$

$$(6-10)$$

二进制编码串位数，即基因块长度，由连续设备

63

控制精度决定，以长度为 L 的基因块为例，其控制精度为 $1/(2^L - 1) \times 100\%$。

（2）并联电容/电抗器。基因块以 1 位二进制编码，表征并联电容/电抗器断路器状态 $y_{k,n,t}$ 及并联电容/电抗器输出期望值 $x_{k,n,t}$ 的取值，对应关系如下

$$\begin{cases} 0 & \leftrightarrow & y_{k,n,t} = 0 & x_{k,n,t} = 0 \\ 1 & \leftrightarrow & y_{k,n,t} = 1 & x_{k,n,t} = V_n^2 B_{kn} \end{cases} \quad (6-11)$$

（3）有载可调变压器。基因块以二进制编码串的方式，表征有载可调变压器变比 $z_{ml,t}$ 的取值关系如下

$$\begin{cases} \overbrace{0000\cdots000}^{K} = 0 & \leftrightarrow & z_{ml,t} = z_{ml}^{\min} \\ \overbrace{0000\cdots001}^{K} = 1 & \leftrightarrow & z_{ml,t} = z_{ml}^{\min} + \Delta z_{ml} \\ \quad\quad\vdots & & \\ \overbrace{1111\cdots111}^{K} = 2^K - 1 & \leftrightarrow & z_{ml,t} = z_{ml}^{\max} \end{cases}$$

$$(6-12)$$

基因块长度 K 由该台有载可调变压器分接头挡位数决定。

6.4.2 适应度函数

式(6-7)中目标函数的倒数可能偏小,不适合作为适应度函数。此外,对不满足约束条件式(6-9)的个体,将其适应度降低为0,从而使该个体绝不会遗传到下一代中去。故设定适应度函数 f' 如下

$$
\begin{cases}
f'(x,y,z) = 0 & （不满足约束） \\
f'(x,y,z) = \dfrac{\lambda}{f(x,y,z)} \times 10 & （满足约束）
\end{cases}
\qquad (6-13)
$$

6.4.3 基因操作

1. 形成初始种群

将表征 x、y、z 的基因块组合在一起形成一个编码链,也称个体,选取若干个体组成初始种群。为便于找到全局最优解,初始种群在解空间中应尽量均匀分布。

2. 刷选

将前代种群中的个体按其适应度函数大小确定其遗传概率,随机抽取形成本代种群。

3. 淘汰与补充

为了避免局部收敛和早熟,维持种群多样性,进行本代种群个体间比对,将完全相同的个体直接淘汰,并从解空间中随机抽取个体补充,以确保本代种群个

体数量不变。

4. 交叉与变异

从 [0，1] 随机抽取交叉参数 A_c、D_c 与变异参数 A_m、D_m。

若 $A_c <$ 交叉概率 P_c，本代种群个体按已确定交叉原则，两两进行交叉操作。交叉操作起始位为 $D_c \times$ 个体长度的取整值。若 $A_c > P_c$，本代种群不进行交叉操作。

若 $A_m <$ 变异概率 P_m，本代种群个体自身进行变异操作。变异位为 $D_m \times$ 个体长度的取整值。若 $A_m > P_m$，本代种群不进行变异操作。

5. 最优保存

用前代种群中适应度函数最大的个体，即最佳个体，替换本代种群适应度最低的个体，以确保最佳个体不被破坏。替换个体数不超过全体种群的10%。

6. 终止判断

若适应度函数最大值连续多代保持不变或迭代次数已达到最大迭代次数，终止计算，将本代种群最佳个体作为最优解。否则，继续下代种群基因操作。

6.5 算例验证

以 IEEE-14 节点标准电网模型为算例，进行仿真分析。IEEE-14 节点标准电网模型，如图 6-3 所示。

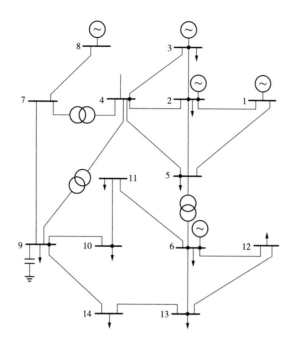

图 6 - 3　IEEE - 14 节点标准电网模型

图 6 - 3 中 1 号节点与上级电网连接，为平衡节点，所有节点为 P、Q 节点，各节点电压幅值上、下限（标幺值）分别为 1.1、0.9，2、14 号节点有并网机组，5 号节点有动态无功功率补偿设备，3、6、8 号节点具有两组并联电容器组，所有变压器均为无载调压变压器。

节点负荷和发电机出力将随时间发生变化。以 AVC 系统控制周期为单位时刻。并网机组及动态无功功率补偿设备参数、并联电容器组参数、电网初始潮流和 0~4 时刻节点负荷及发电机出力情况见表 6-1~表 6-8。

表 6-1　　并网机组及动态无功功率补偿设备参数

节点号	无功功率初始值（p. u.）	无功功率上限（p. u.）	无功功率下限（p. u.）	步长
2	0.4	0.4	-0.4	0.8
5	0.1	0.1	-0.1	0.2
14	0.1	0.1	-0.1	0.2

表 6-2　　　　　　　并联电容器组参数

节点号	组数	每组无功功率（p. u.）	总无功功率（p. u.）	初始投入组数	初始无功功率（p. u.）
3	2	0.1	0.2	2	0.2
6	2	0.1	0.2	1	0.1
8	2	0.1	0.2	1	0.1

表 6-3　　　　　　　电网初始潮流状态

节点号	电压幅值（p. u.）	电压相角（p. u.）	节点总有功功率（p. u.）	节点总无功功率（p. u.）
1	1.06	0	2.324	-0.169
2	1.0548	-4.1917	0.183	0.3068
3	1.0243	-11.256	-0.942	0.0608
4	1.0355	-8.4829	-0.478	0.039
5	1.0389	-6.9457	0.124	0.084
6	1.0828	-11.1623	-0.112	-0.0477

续表

节点号	电压幅值 （p. u.）	电压相角 （p. u.）	节点总有功功率（p. u.）	节点总无功功率（p. u.）
7	1. 0738	− 10. 6697	0	0
8	1. 0862	− 10. 6697	0	0. 0762
9	1. 0747	− 11. 803	− 0. 295	− 0. 166
10	1. 0688	− 11. 9693	− 0. 009	− 0. 058
11	1. 0723	− 11. 6968	− 0. 035	− 0. 018
12	1. 0718	− 11. 8108	− 0. 061	− 0. 016
13	1. 0719	− 11. 7847	− 0. 135	− 0. 058
14	1. 0839	− 11. 593	0. 051	0. 05

表 6 − 4　　　0 时刻节点负荷及发电机出力情况

节点号	有功功率负荷 （p. u.）	无功功率负荷 （p. u.）	发电机出力 （p. u.）
2	− 0. 217	− 0. 0932	0. 4
3	− 0. 942	− 0. 1392	—
4	− 0. 478	0. 039	—
5	0. 124	− 0. 016	—
6	− 0. 112	− 0. 1477	—
7	0	0	—
8	0	− 0. 0238	—
9	− 0. 295	− 0. 166	—
10	− 0. 09	− 0. 058	—
11	− 0. 035	− 0. 018	—
12	− 0. 061	− 0. 016	—
13	− 0. 135	− 0. 058	—
14	− 0. 149	− 0. 05	0. 2

表 6 – 5　　　　　1 时刻负荷及发电机出力情况

节点号	有功功率负荷 （p. u.）	无功功率负荷 （p. u.）	发电机出力 （p. u.）
2	– 0. 217	0. 1	0. 4
3	– 0. 942	0	—
4	– 0. 478	0. 039	—
5	0. 124	– 0. 016	—
6	– 0. 112	0	—
7	0	0	—
8	0	0. 1	—
9	– 0. 295	– 0. 1	—
10	– 0. 09	– 0. 058	—
11	– 0. 035	– 0. 018	—
12	– 0. 061	– 0. 016	—
13	– 0. 135	– 0. 058	—
14	– 0. 149	– 0. 05	0. 2

表 6 – 6　　　　　2 时刻负荷及发电机出力情况

节点号	有功功率负荷 （p. u.）	无功功率负荷 （p. u.）	发电机出力 （p. u.）
2	– 0. 217	– 0. 2	0
3	– 0. 942	– 0. 2	—
4	– 0. 478	0. 039	—
5	– 0. 076	– 0. 016	—
6	– 0. 112	– 0. 1	—

续表

节点号	有功功率负荷 （p. u.）	无功功率负荷 （p. u.）	发电机出力 （p. u.）
7	0	0	—
8	0	− 0. 1	—
9	− 0. 295	− 0. 3	—
10	− 0. 09	− 0. 058	—
11	− 0. 035	− 0. 018	—
12	− 0. 061	− 0. 016	—
13	− 0. 135	− 0. 058	—
14	− 0. 149	− 0. 05	0

表 6 − 7　　3 时刻负荷及发电机出力情况

节点号	有功功率负荷 （p. u.）	无功功率负荷 （p. u.）	发电机出力 （p. u.）
2	− 0. 217	− 0. 0932	0. 4
3	− 0. 942	− 0. 1392	—
4	− 0. 478	0. 2	—
5	0. 124	0	—
6	− 0. 112	− 0. 1477	—
7	0	0	—
8	0	− 0. 0238	—
9	− 0. 295	− 0. 166	—
10	− 0. 09	0. 1	—
11	− 0. 035	0. 1	—
12	− 0. 061	− 0. 016	—
13	− 0. 135	− 0. 058	—
14	− 0. 149	0. 1	0. 2

表 6 - 8　　　　　4 时刻负荷及发电机出力情况

节点号	有功功率负荷 （p. u.）	无功功率负荷 （p. u.）	发电机出力 （p. u.）
2	- 0. 217	- 0. 0932	0
3	- 0. 942	- 0. 1392	—
4	- 0. 478	0	—
5	- 0. 076	- 0. 2	—
6	- 0. 112	- 0. 1477	—
7	0	0	—
8	0	- 0. 0238	—
9	- 0. 295	- 0. 166	—
10	- 0. 09	- 0. 1	—
11	- 0. 035	- 0. 1	—
12	- 0. 061	- 0. 016	—
13	- 0. 135	- 0. 058	—
14	- 0. 149	- 0. 1	0

设定本算例中并联电容器组单次动作造成成本与单位网损成本的比值均为 0. 004，即 $\alpha_{1,3} = \alpha_{2,3} = \alpha_{1,6} = \alpha_{2,6} = \alpha_{1,8} = \alpha_{2,8} = 0.004$。

在同一初始状态下，分别采用所提基于综合成本分析的优化控制策略和以网损最小为目标的传统控制策略，对算例 1 ~ 4 时刻进行自动电压控制仿真。所提优化控制策略采用改进遗传算法求解，其中连续设备基因块长度为 5，每代种群个数为 20，P_c 为 0. 6，P_m

为 0.2，最优保存替换个体数为 1，终止判据为适应度函数最大值连续 5 代保持不变或达到最大迭代次数 200。传统控制策略采用"离散设备优先动作、连续设备精细调节"的控制原则。表 6-9、表 6-10 分别给出了采用两种控制策略得到的结果，其中 0 时刻值即为初始状态。图 6-4 给出了采用两种控制策略仿真时，离散设备动作次数。

表 6-9　　　　　　　　　所提策略仿真结果

变量	0 时刻	1 时刻	2 时刻	3 时刻	4 时刻
$x_{1,2}$	0.4	-0.0387	0.4	-0.1161	0.4
$x_{1,5}$	0.1	0.1	0.1	-0.0548	0.1
$x_{1,14}$	0.1	-0.0677	0.1	-0.1	0.1
$y_{1,3}$	1	1	1	1	1
$y_{2,3}$	1	1	1	1	1
$y_{1,6}$	1	1	1	0	1
$y_{2,6}$	0	0	1	1	1
$y_{1,8}$	1	0	1	0	1
$y_{2,8}$	0	0	1	0	1
P_{loss}	—	0.2061	0.2860	0.2114	0.2887
f/λ	—	0.2101	0.2980	0.2234	0.3007

表 6-10　　　　　　　传统控制策略仿真结果

变量	0 时刻	1 时刻	2 时刻	3 时刻	4 时刻
$x_{1,2}$	0.4	0.4	0.4	0.4	0.4
$x_{1,5}$	0.1	0.0935	0.1	0.0935	0.1

续表

变量	0 时刻	1 时刻	2 时刻	3 时刻	4 时刻
$x_{1,14}$	0.1	-0.0032	0.1	-0.1	0.1
$y_{1,3}$	1	0	1	0	1
$y_{2,3}$	1	0	1	0	1
$y_{1,6}$	1	0	1	0	1
$y_{2,6}$	0	0	1	0	1
$y_{1,8}$	1	0	1	0	1
$y_{2,8}$	0	0	1	0	1
P_{loss}	—	0.2038	0.2860	0.2077	0.2887
f/λ	—	0.2198	0.3100	0.2317	0.3127

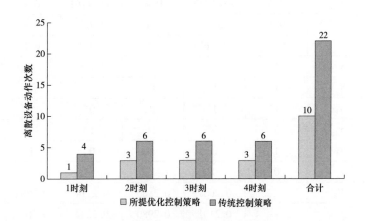

图 6-4　所提策略与传统控制策略对比

　　从图 6-4 可知，在算例各时刻，采用所提优化控制策略进行仿真控制，其离散设备动作次数远少于采用传统控制策略控制的情况。

74

对比表 6 - 9、表 6 - 10 可知，在部分时刻（如 1、3 时刻），采用所提优化控制策略进行仿真控制，网损大于采用传统控制策略控制进行仿真控制时。但如果考虑离散设备动作损耗，采用所提优化控制策略进行仿真控制，各时刻电网综合成本 f 均明显小于采用传统控制策略控制进行仿真控制时。且所提优化控制策略并没有为减少离散设备动作次数，过度依赖连续设备。

第 7 章

特高压直流近区电网AVC优化控制技术

本章提出了特高压直流近区多级电网协调自动电压控制方法和特高压直流换流站电压无功功率协调控制方法。两种方法均是针对特高压直流换流站近区这一特殊的地区电网，进行地区电网 AVC 控制方法的优化。

其中特高压直流近区多级电网协调自动电压控制方法将特高压换流站和与之电气联系紧密的500kV/750kV 变电站及并于这些换流/变电站母线的发电厂，划为一个特高压直流近区电网统筹区域内无功功率资源，按固定周期开展多级电网协调的自动电压控制，统筹协调控制特高压换流站内原分属不同级别电网的含调相机等不同类型的无功功率资源，统筹协调控制属于省级电网的不同类型的无功功率资源。这一方法解决了特高压换流站无功功率资源无法有效参与电网 AVC 控制的问题，降低了特高压直流近区多级电网协调控制的复杂性，实现了含调相机在内的多类无功功率资源协调的 AVC 控制。

而特高压直流换流站电压无功功率协调控制方法实施步骤包括：保持交流滤波器组投切控制策略不变，

检查特高压直流换流站的直流控制保护系统中无功功率控制策略为电压/无功功率控制模式，若为电压控制模式，则将调相机、动态无功功率补偿设备 SVC 按电压协调控制方法控制，否则若为无功功率控制模式，则将调相机、动态无功功率补偿设备 SVC 按无功功率协调控制方法控制；系统包括被编程执行前述方法的计算机系统。这一方法依托特高压直流换流站现有控制模式与基本控制策略，简单有效地实现了调相机与交流滤波器组间协调控制，无需新增控制系统，也不需要改变直流控制保护系统无功功率控制策略与调相机现有控制模式，符合特高压换流站现状，便于实施。

7.1 特高压直流近区多级电网协调自动电压控制方法

我国现有的电网根据调度权限可以分为国、分、省、地四级。而特高压直流近区电网则囊括了国、分、省三级，其中特高压直流换流站内 500kV/750kV 电压等级部分属于国调所辖，特高压直流换流站站外的 500kV/750kV 电压等级部分和站内 500kV/750kV 以下部分及调相机、SVC/SVG 等均属于分调所辖，而特高压直流换流站站外 220kV/330kV 部分及 500kV/750kV 变电站 35kV 电压等级部分等均属于省调所辖。相关的无功功率资源也分别由国、分、省三级掌控，如换流站交流滤波器组属国调掌控；500kV/750kV 并网电厂、换流站内的调相机、SVG、低容/低抗由分调直调；而500kV/750kV 变电站的低容/低抗等和 220kV/330kV 并网电厂由省调调控。特高压直流近区电网电压无功控制层级非常复杂，涉及国、分、省多级电网之间的协调。按现有的 AVC 控制模式，由特高压直流控保系统控制的具有大量无功功率支撑能力的交流滤波器组游离于 AVC 控制以外，不参与 AVC 控制；而换流站站内其他无功功率资源，（如调相机、SVC/SVG 及低容/低抗）与交流滤波器组共用 500kV/750kV 母线与线路，由于担心两者配合问题导致换流站交流母线电压波动，站内的其他无功功率资源，特别是大容量的调相机也无法有效参与 AVC 控制。同时，属于分调调度的500kV/750kV 并网电厂和属于省调调度的 500kV/750kV 变电站低容/低抗和并于 500kV/750kV 变电站220kV/330kV 的并网电厂也存在协调困难的问题。现有的 AVC 控制模式无法有效发挥特高压直流换流站雄厚的无功功率资源，也无法有效统合特高压直流近区相关的无功功率资源。

此外，特高压直流近区电网也汇集了从并网电厂、调相机、交流滤波器组、SVC/SVG，到低容/低电等种类众多的无功功率资源。这些无功功率资源的调节速度和控制成本差异很大。如何高效、低价地统一协调控制这些无功功率资源也是亟须解决的技术难题。

针对现有技术的上述问题，特高压直流近区多级电网协调自动电压控制方法及系统能够充分挖掘特高压换流站无功功率资源特别是调相机参与电网自动电压控制的潜力，实现国、分、省多级电网协调和含调相机在内的多类无功功率资源协调。

特高压直流近区多级电网协调自动电压控制方法，将特高压换流站、500kV/750kV 变电站以及并于两者间 500kV/750kV、220kV/330kV 母线的发电厂划为一个特高压直流近区电网以统筹区域内无功功率资源，按固定周期开展多级电网协调的自动电压控制，所述自动电压控制的实施步骤（见图 7 – 1）包括：

（1）获取特高压直流近区电网 500kV/750kV 实时状态数据和状态估计结果。

（2）统筹协调控制特高压换流站站内全部无功功率资源，所述全部无功功率资源包括交流滤波器组、调相机、SVC/SVG、站内低容/低抗，计算换流站 500kV/750kV 交流母线电压上/下限值和无功功率可调上/下限值。

（3）统筹协调控制各 500kV/750kV 变电站站内无

功功率资源和并于该变电站 220kV/330kV 母线的发电厂无功功率资源，计算各变电站主变压器高压侧无功功率可调上/下限值。

（4）分别计算各 500kV/750kV 并网发电厂并网点母线电压上/下限值和电厂无功功率可调上/下限值。

（5）根据计算的特高压换流站、变电站、并网发电厂的电压/无功功率限值和电网自身约束条件，按照预设的特高压直流近区电网电压无功优化算法，计算得到特高压换流站 500kV/750kV 交流母线电压、各变电站 500kV/750kV 母线电压以及各 500kV/750kV 并网发电厂并网点母线电压的期望值。

（6）根据特高压换流站 500kV/750kV 交流母线电压期望值，按预设的特高压换流站母线电压控制策略，协调控制特高压换流站站内无功功率资源。

（7）根据各变电站 500kV/750kV 母线电压期望值，按预设的变电站母线电压控制策略，协调控制各 500kV/750kV 变电站站内无功功率资源和并于该变电站 220kV/330kV 母线的发电厂无功功率资源。

（8）根据各 500kV/750kV 并网发电厂并网点母线电压期望值，按现有的发电厂 AVC 控制策略，控制电厂内无功功率资源。

（9）本周期特高压直流近区电网自动电压控制结束。

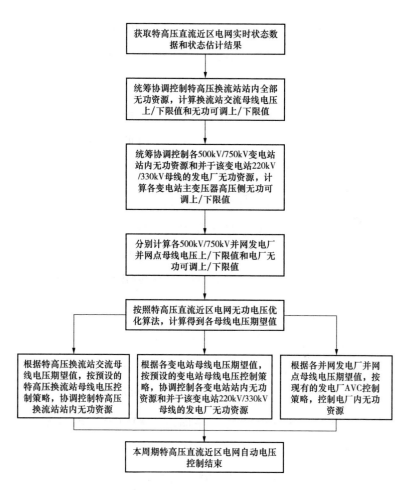

图7-1 特高压直流近区多级电网协调自动电压控制
方法的基本流程示意图

步骤(5)中预设的特高压直流近区电网电压无功优化算法的函数表达式如式(7-1)和式(7-2)所示

$$\min f(x) \qquad\qquad (7-1)$$

$$\begin{cases} g(x) = 0 \\ h^{\min} \leqslant h(x) \leqslant h^{\max} \end{cases} \quad (7-2)$$

式(7-1)和式(7-2)中：x 为作为控制变量的特高压直流近区电网各 500kV/750kV 交流母线电压期望值，包括特高压换流站 500kV/750kV 交流母线电压、各变电站 500kV/750kV 母线电压以及各并网发电厂 500kV/750kV 并网点母线电压的期望值；$f(x)$ 为目标函数，采用网损最小；$g(x)$ 为等式边界条件，采用特高压直流近区电网 500kV/750kV 电压等级有功/无功功率平衡；$h(x)$ 为不等式边界条件，采用各换流站、变电站及发电厂的母线电压与无功功率可调上限 $h^{\max}$ 和母线电压与无功功率可调下限 $h^{\min}$，其中变电站 500kV/750kV 母线电压上/下限由电网安全稳定需要确定，其余采用各换流站、变电站及发电厂的上送值。

步骤(6)中预设的特高压换流站母线电压控制策略的详细实施步骤包括：

6.1）特高压换流站 500kV/750kV 交流母线电压期望值小于交流母线电压实时值，则执行步骤(2)，期望值大于实时值，则跳转执行步骤 6.5），否则跳转执行步骤 6.9）。

6.2）特高压换流站 500kV/750kV 交流母线电压偏差绝对值大于设定阈值 1，则跳转执行步骤 6.3），否则跳转执行步骤6.8)。

6.3)判断按预定顺序退出一小组滤波器后,是否满足绝对最小滤波器和最小滤波器的需求,若满足,则跳转执行步骤6.4),否则跳转执行步骤6.8)。

6.4)按预定顺序退出一小组滤波器,跳转执行步骤6.2)。

6.5)特高压换流站500kV/750kV交流母线电压偏差绝对值大于设定阈值2,则执行步骤6.6),否则跳转执行步骤6.8)。

6.6)判断按预定顺序投入一小组滤波器后,未投入的滤波器是否满足裕度要求,若满足,则执行步骤6.7),否则跳转执行步骤6.8)。

6.7)按预定顺序投入一小组滤波器,跳转执行步骤6.5)。

6.8)根据调相机、SVC/SVG、低容/低抗的排序,逐一调整无功功率输出,直到实时值达到期望值或已达到无功功率可调上限或下限,则跳转执行步骤6.9)。

6.9)本轮换流站电压控制结束。

其中,所述设定阈值1为退出一小组滤波器后交流母线电压的变化量,设定阈值2为投入一小组滤波器后交流母线电压的变化量。

步骤(7)中预设的变电站母线电压控制策略的函数

表达式如式(7-3)和式(7-4)所示

$$\min(\Delta Q_g + \Delta Q_s) \qquad (7-3)$$

$$\begin{cases} C_{ag}\Delta Q_g + C_{as}\Delta Q_s = \Delta U \\ \Delta Q_g^{\min} \leqslant \Delta Q_g \leqslant \Delta Q_g^{\max} \\ \Delta Q_s^{\min} \leqslant \Delta Q_s \leqslant \Delta Q_s^{\max} \end{cases} \qquad (7-4)$$

式(7-3)和式(7-4)中：$\Delta Q_g^{\max}$、$\Delta Q_g^{\min}$ 分别为并于该变电站 220kV/330kV 母线的发电厂无功功率可调上/下限值；$\Delta Q_s^{\max}$、$\Delta Q_s^{\min}$ 分别为该变电站主变压器低压侧的并联电容器/电抗器输出无功功率可调上/下限值；C_{ag}、C_{as} 为发电厂、低容/低抗输出无功功率对该变电站 500kV/750kV 母线电压的灵敏度系数矩阵；ΔU 为该变电站 500kV/750kV 母线电压偏差值；ΔQ_g、ΔQ_s 分别为发电厂、低容/低抗输出无功功率变化量期望值，其中 ΔQ_g 为连续量，作为遥调变化量下发至对应的 220kV/330kV 并网发电厂控制执行，ΔQ_s 为离散量，根据其数值直接遥控对应的变电站低容/低抗投/切。式中无功功率等物理量可用标幺值或者有名值，采用有名值时无功功率单位为 kvar。

步骤(2)中计算得到的换流站 500kV/750kV 交流母线电压上/下限值为特高压直流控制保护系统无功功率控制策略中设定的交流母线最高/最低电压限值；得到的换流站无功功率可调上/下限值为考虑有功功率输

送曲线,特高压换流站全部无功功率资源可增加的最大无功功率值和可减少的最大无功功率值,所述全部无功功率资源包括交流滤波器组、调相机、SVC/SVG、站内低容/低抗。

步骤(3)中变电站主变压器高压侧无功功率可调上/下限值的计算函数表达式如式(7-5)所示

$$\begin{cases} \Delta Q^{\text{max}} = C_{\text{cg}}\Delta Q_{\text{g}}^{\text{max}} + C_{\text{cs}}\Delta Q_{\text{s}}^{\text{max}} \\ \Delta Q^{\text{min}} = C_{\text{cg}}\Delta Q_{\text{g}}^{\text{min}} + C_{\text{cs}}\Delta Q_{\text{s}}^{\text{min}} \end{cases} \qquad (7-5)$$

式中:ΔQ^{max}、ΔQ^{min} 分别为变电站主变压器高压侧无功功率可调上/下限值;C_{cg}、C_{cs} 为发电厂、站内低容/低抗无功功率对该变电站主变压器高压侧无功功率的灵敏度系数矩阵。式中无功功率等物理量可用标幺值或者有名值,采用有名值时无功功率单位为 kvar。

所提方法还提供一种特高压直流近区多级电网协调自动电压控制系统,包括计算机系统,计算机系统被编程以执行本算例特高压直流近区多级电网协调自动电压控制方法的步骤。

如图 7-2 所示,该计算机系统具体包括:

(1)数据采集系统,用于按固定周期获取特高压直流近区电网 500kV/750kV 实时状态数据和状态估计结果。

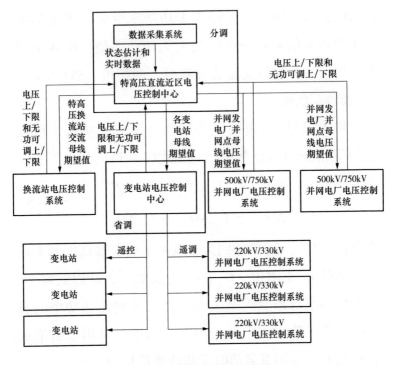

图 7-2 所提系统的示意图

（2）特高压直流近区电压控制中心，用于计算各 500kV/750kV 母线期望值。

（3）变电站电压控制中心，用于协调控制各变电站站内无功功率资源和并于该变电站 220kV/330kV 母线的发电厂无功功率资源。

（4）换流站电压控制系统，用于协调控制特高压换流站站内全部无功功率资源。

（5）500kV/750kV 并网电厂电压控制系统，用于上送各并网发电厂并网点母线电压上/下限值和电厂无功功率可调上/下限值,并接收来自特高压直流近区电压控制中心的各 500kV/750kV 并网发电厂并网点母线电压期望值,控制电厂无功功率资源。

(6) 220kV/330kV 并网电厂电压控制系统,用于接收来自变电站电压控制中心的控制目标期望值,控制电厂无功功率资源。

所提方法中,数据采集系统具体为国家调控分中心(分调)SCADA 主站系统。

所提方法中,特高压直流近区电压控制中心部署在分调作为一种 AVC 系统,接收来自数据采集系统、变电站电压控制中心、换流站电压控制系统,以及各 500kV/750kV 并网电厂电压控制系统的实时状态数据、状态估计结果、电压上/下限、无功功率可调上/下限,按照特高压直流近区电网电压无功优化算法,计算得到各母线期望值,下发至变电站电压控制中心、换流站电压控制系统、各 500kV/750kV 并网电厂电压控制系统。

所提方法中,变电站电压控制中心部署在省级调控中心(省调)作为一种 AVC 系统,上送各 500kV/750kV 变电站主变压器高压侧无功功率可调上/下限值,接收来自特高压直流近区电压控制中心的各变电站 500kV/750kV 母线期望值，按照预设的变电站母线电压控制策略，计算得到各发电厂、变电站低容/低抗无功功率变化量期望值，其中各发电厂无功功率变化量期望值下发至对应的并网发电厂电压控制系统，根据各变电站低容/低抗无功功率变化量期望值，直接遥控对应的变电站低容/低抗投/切。

所提方法中，换流站电压控制系统具体为改进后的特高压换流站直流控制保护系统，上送换流站 500kV/750kV 交流母线电压上/下限值和无功功率可调上/下限值，接收来自特高压直流近区电压控制中心的特高压换流站 500kV/750kV 交流母线期望值，按照预设的特高压换流站母线电压控制策略，协调控制交流滤波器组、调相机、SVC/SVG、低容/低抗。

和现有技术相比，所提方法与系统具有下述有益效果：所提方法为将特高压换流站和与之电气联系紧密的 500kV/750kV 变电站，及并于这些换流站、变电站 500kV/750kV、220kV/330kV 母线的发电厂，划为一个特高压直流近区电网，统筹区域内无功功率资源，按固定周期开展多级电网协调的自动电压控制，其中换流站电压控制系统统筹协调控制特高压换流站内原分属不同级别电网的含调相机等不同类型的无功功率资源，变电站电压控制中心统筹协调控制属于省级电

网的不同类型的无功功率资源；系统包括与前述方法
步骤对应的各个单元。所提方法解决了特高压换流站
无功功率资源无法有效参与电网 AVC 控制的问题，充
分挖掘了含调相机在内的特高压换流站无功功率资源
参与电网 AVC 的潜力；利用换流站电压控制系统统筹
协调控制特高压换流站原分属不同级别电网的无功功
率资源，利用变电站电压控制中心统筹协调属于省级
电网的无功功率资源，降低了特高压直流近区多级电
网协调控制的复杂性；根据不同类型无功功率资源的
差异性，制定优化控制方法，实现了含调相机在内的
多类无功功率资源协调的 AVC 控制。

7.2 特高压直流换流站电压无功功率协调控制方法

高压直流输电是一种远距离大容量输电方式。不
同于交流输电系统，高压直流输电是一种建立在换流
阀截止和导通控制上的电能传输方式。换流阀整流、
逆变需要消耗大量的无功功率。因此，在换流站配置
大量的交流滤波器组，用于无功功率补偿和滤波。这
些交流滤波器组的投/退与高压直流输电息息相关，由
直流控制保护系统中无功功率控制策略统一控制。目
前为降低特高压直流输电受所联交流电网电压波动的

影响，在特高压换流站配置了调相机，部分送端换流站还配置了大容量的 SVC。这些动态无功功率补偿设备与交流滤波器组在无功功率、电压支撑方面的功能是重叠的，且会有较强的相互影响。现有的电网分级调控体系中，特高压换流站站内的调相机、SVC 与交流滤波器组及直流控制保护系统分属不同调控层级：交流滤波器组及直流控制保护系统属国调总部调度，调相机、SVC 属国调分中心调控。由于调控层级不同且处于特高压直流输电安全稳定运行考虑，目前调相机、SVC 等动态无功功率补偿设备与交流滤波器组并未纳入同一控制系统进行统筹协调控制，两者之间基本无控制信息的交互，且在未来较长一段时间内都可预见到这样的情况不会发生改变。现有控制方法无法实现换流站调相机、SVC 与交流滤波器组的协调控制。

针对现有技术的上述问题，特高压直流换流站电压无功功率协调控制方法及系统基于目前特高压换流站调相机、SVC 等动态无功功率补偿设备与直流控制保护系统间无控制信息交互的现状，能够简单有效地协调控制调相机、SVC 等动态无功功率补偿设备与由直流控制保护系统掌控的交流滤波器组。

特高压直流换流站电压无功功率协调控制方法，实施步骤（见图 7-3）包括：

（1）保持交流滤波器组投切控制策略不变。

（2）检查特高压直流换流站的直流控制保护系统中无功功率控制策略为电压/无功功率控制模式，若直流控制保护系统中无功功率控制策略为电压控制模式，则执行步骤(3)，否则若直流控制保护系统中无功功率控制策略为无功功率控制模式，则跳转执行步骤(4)。

（3）将调相机、动态无功功率补偿设备SVC按电压协调控制方法控制，跳转执行步骤(2)。

（4）将调相机、动态无功功率补偿设备SVC按无功功率协调控制方法控制，跳转执行步骤(2)。

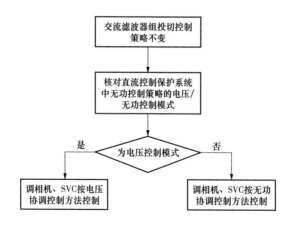

图7-3 所提方法的基本流程示意图

步骤(3)中将调相机、动态无功功率补偿设备SVC按电压协调控制方法控制，具体是指将调相机、动态无功功率补偿设备SVC的控制模式设为电压控制模式

91

且接受所属上级调度中心下发的 AVC 系统指令值，且
调相机的电压给定值上/下限分别为 $U_{g0} + \Delta U_g/2$、U_{g0}
$- \Delta U_g/2$，调相机的无功功率上/下限分别为 Q_{gmax}、
Q_{gmin}，其中 U_{g0} 为直流控制保护系统中交流母线电压给
定值对应的调相机机端电压值，ΔU_g 为投/切一小组交
流滤波器组对调相机机端电压的变化量，Q_{gmax} 为调相
机无功功率输出上限，Q_{gmin} 为调相机无功功率输出下
限；动态无功功率补偿设备 SVC 的电压给定值上/下限
分别为 $U_{S0} + \Delta U_S/2$、$U_{S0} - \Delta U_S/2$，动态无功功率补偿
设备 SVC 无功功率上/下限分别为 Q_{Smax}、Q_{Smin}，其中
U_{S0} 为直流控制保护系统中交流母线电压给定值对应的
SVC 控制目标母线电压值，ΔU_S 为投/切一小组交流滤
波器组对 SVC 控制目标母线电压的变化量，Q_{Smax} 为动
态无功功率补偿设备 SVC 的无功功率输出上限，Q_{Smin}
为动态无功功率补偿设备 SVC 的无功功率输出下限。

步骤(4)中将调相机、动态无功功率补偿设备 SVC
按无功功率协调控制方法控制，具体是指将调相机、
动态无功功率补偿设备 SVC 的控制模式设为电压控制
模式且接受所属上级调度中心下发的 AVC 系统指令
值，且调相机的电压给定值上/下限分别为 U_{gmax}、
U_{gmin}，动态无功功率补偿设备 SVC 电压给定值上/下限
分别为 U_{Smax}、U_{Smin}，调相机以及动态无功功率补偿设

备 SVC 的无功功率上/下限均分别为 $-Q_c/2$、$Q_c/2$，其中 U_{gmax} 为调相机机端电压值上限，U_{gmin} 为调相机机端电压值下限，U_{Smax} 为动态无功功率补偿设备 SVC 控制目标母线电压值上限，U_{Smin} 为动态无功功率补偿设备 SVC 控制目标母线电压值下限，Q_c 为一小组交流滤波器组投入对应增加的无功功率。

和现有技术相比，特高压直流换流站电压无功功率协调控制方法的优点：不改变交流滤波器组投切控制策略（直流控制保护系统无功功率控制策略），根据直流控制保护系统无功功率控制策略确定调相机、SVC 控制模式与电压、无功功率上/下限；依托特高压直流换流站现有控制模式与基本控制策略，简单有效地实现了调相机与交流滤波器组间协调控制，无需新增控制系统，也不需要改变直流控制保护系统无功功率控制策略与调相机现有控制模式，符合特高压换流站现状，便于实施。

第8章
山地电网AVC优化控制技术

山区电网状态估计数据常达不到实时控制的要求。现有的 AVC 区域优化控制方法依赖状态估计数据，在山区电网无法正常实施。本章提出了一种依托 AVC 系统的山区电网电压无功功率区域优化控制方法，无需依赖状态估计数据，按山区电网 AVC 控制目标优先级给出了对应的优化控制策略。还提出了 10kV 母线电压控制目标值精确选取方法。通过在典型的山区电网中应用表明，所提方法在不依赖状态估计数据的前提下，显著提升了电压合格率。

我国现有的电网按调度级别可以分为国、分、省、地四级。其中地级电网，即地区电网，是指由各地区调控中心所辖的 110kV 及以下电压等级供电网，包括该地区 220kV 变电站的主变压器、110kV、10kV 部分。

早期地区电网无功功率调节手段相对单一，只能控制电网内并联电容/电抗器投切和主变压器分接头挡位。现有地区电网自动电压控制一般采用本地电压控制＋区域无功功率优化的模式，即先根据所在变电站电压、无功功率情况，按九区图制定电容/电抗器投切与主变压器分接头挡位变化策略，再根据所在子区域 220kV 变电站主变压器高压侧无功功率情况修正电容/电抗器投切策略。这种方法的优势在于控制方法简单、对电网状态估计数据的依赖很低，缺点是无法实现电压区域优化，即只能通过单站控制当地电压。

水电机组具有较强的无功功率动态调节能力，风电站除风机以外还配置了一定数量的 SVG/SVC 等动态无功功率补偿设备。随着大量风、水电站通过110、35、10kV 并入地区电网，带来了大量优良的无功功率资源，极大地丰富了地区电网无功功率调控手段。现有的地区电网自动电压控制模式(本地电压控制 + 区域无功功率优化)无法有效地发挥这些无功功率资源的作用。

而若采用省级电网(即220~500kV 电压等级电网)三级电压控制方法，虽然原理上可以充分发挥并网电站和电网无功功率资源，但这种控制方法需依赖电网状态估计数据。而山区电网模型参数维护不如省级电网及时，状态估计数据准确率和收敛速度较差，过于依赖状态估计数据可能会造成电压控制失当。

针对这一问题，考虑到山区电网特点与现状，依托电网现有 AVC 系统，本章提出了一种不依赖状态估计数据的山区电网电压无功功率区域优化控制方法。

8.1 分区

与省级及以上电网环状、网状分布不同，地区电网基本上以 220kV 变电站为中心、辐射状分布，且不存在电磁环网情况。故地区电网天然地以 220kV 变电站为中心，形成若干子区域，且各子区域间仅通过 220kV 线路进行电气联系。山区电网就是一种拥有较多风、水电站的特殊地区电网。

根据这一特点，将山区电网划分为以 220kV 变电站为核心的若干相互独立的区域开展电压无功控制。其划分原则如下：

（1）若某 220kV 变电站两条 220kV 母线并列运行，则按该 220kV 变电站辐射的电网划分区域。

（2）若某 220kV 变电站两条 220kV 母线分列运行，则按这两条 220kV 母线各自辐射的电网划分各自区域。

（3）山区电网内各并网风、水、火等电站，划入与其并网点所连变电站所在区域。

8.2 选择控制模式

山区电网 AVC 控制目标按优先级依次为：①220kV 母线电压不越限；②10kV 母线电压不越限；③220kV

主变压器高压侧无功功率不越限。

按优先级，根据某独立区域的电压无功功率情况，选取该区域进入不同目标的控制模式，即220kV电压控制模式、10kV电压控制模式或220kV无功功率控制模式，每种模式均提供相应的优化控制策略。方法流程如图8-1所示。

具体方法如下：

（1）检测本区域220kV母线电压是否超越预设的第一限制阈值，若超越预设的第一限制阈值则跳转执行步骤(2)，否则跳转执行步骤(6)。

（2）进入220kV电压控制模式，检测本区域220kV母线电压是否超越预设的第二限制阈值，若超越预设的第二限制阈值则跳转执行步骤(3)，否则跳转执行步骤(4)。

（3）按预设的第一220kV电压控制策略同时调节并网电站无功功率资源的输出和电网电容器/电抗器无功功率资源的投切，跳转执行步骤(5)。

（4）按预设的第二220kV电压控制策略单独调节并网电站无功功率资源的输出，跳转执行步骤(5)。

（5）按预设的第三220kV电压控制策略调节本区域内变电站分接头位置，跳转执行步骤(10)。

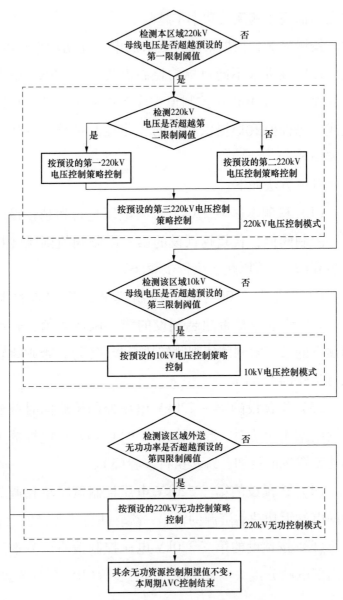

图 8-1 本章所提方法的基本流程示意图

（6）逐一检测该区域内 10kV 母线电压是否超越预设的第三限制阈值，若存在 10kV 母线电压超越第三限制阈值，则跳转执行步骤(7)，否则跳转执行步骤(8)。

（7）进入 10kV 电压控制模式，针对越限的 10kV 母线按预设的 10kV 电压控制策略，调节所在变电站电网电容器/电抗器无功功率资源的投切、所在变电站主变压器分接头位置、相邻变电站及并网电站无功功率资源，跳转执行步骤(10)。

（8）检测该区域外送无功功率是否超越预设的第四限制阈值，若该区域外送无功功率超越第四限制阈值，则转执行步骤(9)，否则跳转执行步骤(10)。

（9）进入 220kV 无功功率控制模式，按预设的 220kV 无功功率控制策略调节各并网电站无功功率资源，转执行步骤(10)。

（10）保持剩余的无功功率资源控制期望值不变，本周期控制结束。

8.3　220kV 电压控制模式

通过步骤(1)中第一限制阈值，判定该区域 220kV 母线电压是否越限。第一限制阈值设定如下：

第一限制阈值包括上、下阈值，分别参考调度要求的 220kV 母线电压合格区间上、下限，并留有一定裕度，第一限制阈值上、下裕度，按 0.5% 的最大允许误差，一般设为 1kV；不同的 220kV 母线、不同时间段，第一限制阈值的值可不同，上阈值一般为 229 ~ 230kV，下阈值一般为 224kV；若 220kV 母线电压大于第一限制阈值上阈值或小于第一限制阈值下阈值，则认为 220kV 母线电压超越预设的第一限制阈值。

若 220kV 母线电压超越第一限制阈值，该区域进入 220kV 电压控制模式。

1. 第一 220kV 电压控制策略

进入 220kV 电压控制模式后，再通过步骤(2)中第二限制阈值，判定该区域 220kV 母线电压越限严重程度。第二限制阈值设定如下：

第二限制阈值包括上、下阈值，其计算函数表达式如下

$$
\begin{cases}
\overline{U_2} = \overline{U_1} + C_{cg} \Delta \underline{Q_g} - \bar{\mu} \\
\underline{U_2} = \underline{U_1} - C_{cg} \Delta \overline{Q_g} + \underline{\mu}
\end{cases}
\qquad (8-1)
$$

式中：$\overline{U_2}$、$\underline{U_2}$ 分别为第二限制阈值上、下阈值，kV；$\overline{U_1}$、$\underline{U_1}$ 分别为限制阈值 1 上、下阈值，kV；C_{cg} 为区域内并网电站无功功率对该区域 220kV 母线电压的灵敏度系数矩阵；$\Delta \overline{Q_g}$、$\Delta \underline{Q_g}$ 分别为并网电站无功功率当前可调上下裕度值，kvar；$\bar{\mu}$、$\underline{\mu}$ 分别为第二限制阈值

上、下裕度值，按 0.5% 的最大允许误差，一般设为 1kV。若 220kV 母线电压大于第二限制阈值上阈值或小于第二限制阈值下阈值，则认为 220kV 母线电压超越预设的第二限制阈值。

若 220kV 母线电压超越第二限制阈值，认为 220kV 母线已经严重越限，需要同时调用风、水电站等连续无功设备和变电站电容器/电抗器等离散无功设备，执行步骤（3）中第一 220kV 电压控制策略，具体如下：

第一 220kV 电压控制策略的函数表达式如式（8 - 2）和式（8 - 3）所示；若式（8 - 2）和式（8 - 3）有可行解则按可行解下发控制指令，若式（8 - 2）和式（8 - 3）无可行解则本轮自动电压控制不下发控制指令。

$$\min \left(\sum \Delta Q_\mathrm{g} + \sum \Delta Q_\mathrm{s} \right) \qquad (8 - 2)$$

$$\begin{cases} C_\mathrm{cg} \Delta Q_\mathrm{g} + C_\mathrm{cs} \Delta Q_\mathrm{s} = \Delta U_{220} \\ \Delta \underline{Q_\mathrm{g}} \leqslant \Delta Q_\mathrm{g} \leqslant \Delta \overline{Q_\mathrm{g}} \\ \Delta \underline{Q_\mathrm{s}} \leqslant \Delta Q_\mathrm{s} \leqslant \Delta \overline{Q_\mathrm{s}} \end{cases} \qquad (8 - 3)$$

式（8 - 2）和式（8 - 3）中：ΔQ_g 为并网电站无功功率变化期望值；ΔQ_s 为由电容/电抗器投切导致的变电站无功功率变化期望值；C_cg 为区域内并网电站无功功率对该区域 220kV 母线电压的灵敏度系数矩阵；C_cs 为

变电站无功功率对该区域 220kV 母线电压的灵敏度系数矩阵；若 220kV 母线电压大于第一限制阈值上阈值，ΔU_{220} 为当前 220kV 母线电压与第一限制阈值上阈值的偏差绝对值；若 220kV 母线电压小于第一限制阈值下阈值，ΔU_{220} 为当前 220kV 母线电压与第一限制阈值下阈值的偏差绝对值；$\Delta \overline{Q_{\mathrm{g}}}$、$\Delta \underline{Q_{\mathrm{g}}}$ 分别为并网电站无功功率当前可调上下裕度值；$\Delta \overline{Q_{\mathrm{s}}}$、$\Delta \underline{Q_{\mathrm{s}}}$ 分别为变电站无功功率当前可调上下裕度值。式中灵敏度系数矩阵均依据实测数据计算。

2. 第二 220kV 电压控制策略

若 220kV 母线电压未超越第二限制阈值，认为 220kV 母线虽越限但不严重，仅需调用风、水电站等连续无功设备，执行步骤（4）中第二 220kV 电压控制策略，具体如下：

第二 220kV 电压控制策略的函数表达式如式（8 - 4）和式（8 - 5）所示；若式（8 - 4）和式（8 - 5）有可行解则按可行解下发控制指令，若式（8 - 4）和式（8 - 5）无可行解则本轮自动电压控制不下发控制指令。

$$\min \left(\sum \Delta Q_{\mathrm{g}} \right) \qquad (8 - 4)$$

$$\begin{cases} C_{\mathrm{cg}} \Delta Q_{\mathrm{g}} = \Delta U_{220} \\ \Delta \underline{Q_{\mathrm{g}}} \leqslant \Delta Q_{\mathrm{g}} \leqslant \Delta \overline{Q_{\mathrm{g}}} \end{cases} \qquad (8 - 5)$$

3. 第三 220kV 电压控制策略

步骤(5)中第三 220kV 电压控制策略用于调节变电站变压器分接头位置，具体如下：

5.1）判断 220kV 母线电压大于第一限制阈值上阈值是否成立，如果成立则跳转执行步骤 5.2），否则跳转执行步骤 5.5）。

5.2）判断本区域内超过第一预设比例的 10kV 母线电压小于第三限制阈值的下阈值是否成立，如果成立则跳转执行步骤 5.3），否则跳转执行步骤 5.4）。

5.3）下调 220kV 主变压器分接头位置一挡，跳转执行步骤 5.9）。

5.4）下调小于第三限制阈值的下阈值的 10kV 母线所在变压器分接头位置一挡，跳转执行步骤 5.9）。

5.5）判断 220kV 母线电压小于第一限制阈值的下阈值是否成立，如果成立则跳转执行步骤 5.6），否则跳转执行步骤 5.9）。

5.6）判断本区域内超过第二预设比例的 10kV 母线电压大于第三限制阈值的上阈值是否成立，如果成立则跳转执行步骤 5.7），否则跳转执行步骤 5.8）。

5.7）上调 220kV 主变压器分接头位置一挡，跳转执行步骤 5.9）。

5.8）上调小于第三限制阈值的下阈值的 10kV 母

线所在变压器分接头位置一挡，转执行步骤5.9）。

5.9）保持本区域其余变压器分接头位置不变。

其中第三限制阈值与步骤(6)中预设的第三限制阈值含义相同，用于判定10kV母线是否越限，具体设定如下：

第三限制阈值包括上、下阈值，分别参考要求的10kV母线电压合格区间上、下限，并留有一定裕度；第三限制阈值上、下裕度一般均设为0.05kV；不同的10kV母线、不同时间段，第三限制阈值不同，一般上阈值为10.6～10.95kV，下阈值为9.5～10.15kV；若10kV母线电压大于第三限制阈值上阈值或小于第三限制阈值下阈值，则认为10kV母线电压超越预设的第三限制阈值。

8.4 10kV 电压控制模式

若该区域220kV母线电压未超越第一限制阈值，则认为该区域220kV母线电压未越限。再逐一检测该区域内10kV母线电压是否超越预设的第三限制阈值。若存在10kV母线电压超越第三限制阈值，则整个区域进入10kV电压控制模式，执行10kV电压控制策略。

步骤(7)中10kV电压控制策略在优先使用本地无功功率资源的基础上，协调临近变电站/并网电站的资源，其详细的实施步骤包括：

7.1）若目标 10kV 母线所在变电站有除变压器分接头以外的可降低 10kV 电压的无功功率资源未使用，则跳转执行步骤 7.2），否则跳转执行步骤 7.3）。

7.2）根据未使用的无功功率资源的历史使用次数由少至多的依次使用，跳转执行步骤 7.6）。

7.3）根据灵敏度排序依次申请调用临近目标 10kV 母线的 3～5 个变电站或并网电站的无功功率资源，若申请是变电站的无功功率资源，则跳转执行步骤 7.4），若申请是并网电站的无功功率资源，则跳转执行步骤 7.5），若所有可申请的变电站或并网电站均不允许调用，则跳转执行步骤 7.6）。

7.4）计算按预设排序调用该变电站无功功率资源后，该临近目标 10kV 母线的变电站的 10kV 母线电压是否会超越第三限制阈值，若临近目标 10kV 母线的变电站的 10kV 母线电压不会超越第三限制阈值，则按预设排序调用该变电站无功功率资源，跳转执行步骤 7.6），否则不允许调用该变电站无功功率资源，跳转执行步骤 7.3）。

7.5）计算按预设步长调用该并网电站无功功率资源后，本区域 220kV 母线电压是否会超越第一限制阈值和该并网电站并网点所连变电站 10kV 母线电压是否会超越第三限制阈值，若本区域 220kV 母线电压不会超越第一限制阈值且该并网电站并网点所连变电站 10kV 母线电压不会超越第三限制阈值，则按预设步长调用该并网电站无功功率资源，跳转执行步骤 7.6），否则不允许调用该并网电站无功功率资源，跳转执行步骤 7.3）。

7.6）针对目标 10kV 母线的 10kV 电压控制策略结束。

8.5　220kV 无功功率控制模式

通过步骤(6)中第四限制阈值，判定该区域 220kV 主变压器高压侧无功功率是否越限。第四限制阈值设定如下：

第四限制阈值包括上、下阈值，分别参考要求的该区域外送无功功率控制区间上、下限，并留有一定裕度；若该区域只有一台 220kV 主变压器，该区域外送无功功率即为该 220kV 主变压器高压侧无功功率值；若该区域有多台 220kV 主变压器，该区域外送无功功率即为这些 220kV 主变压器高压侧无功功率总和值；不同区域、不同时间段，第四限制阈值不同；若该区域外送无功功率大于第四限制阈值上阈值或小于第四限制阈值下阈值，则认为该区域外送无功功率超越预设的第四限制阈值。

若该区域 220kV 母线电压未超越第一限制阈值，该区域所有 10kV 均未超越第四限制阈值，则认为该区域 220kV 母线电压未越限、10kV 母线电压未越限。若该区域外送无功功率超越第四限制阈值，则整个区域进入 220kV 无功功率控制模式，执行 220kV 无功功率控制策略，具体如下：

220kV 无功功率控制策略的函数表达式如式(8-6)和式(8-7)所示；若式(8-6)和式(8-7)有可行解则按可行解下发控制指令，若式(8-6)和式(8-7)无可行解则本轮自动电压控制不下发控制指令。

$$\min \left(\sum \Delta Q_g \right) \qquad (8-6)$$

$$\begin{cases} C'_{cg} \Delta Q_g = \Delta Q_{220} \\ \underline{U_{220}} \leqslant U_{220} + C_{cg} \Delta Q_g \leqslant \overline{U_{220}} \\ \underline{U_{10}} \leqslant U_{10} + C''_{cg} \Delta Q_g \leqslant \overline{U_{10}} \\ \underline{\Delta Q_g} \leqslant \Delta Q_g \leqslant \overline{\Delta Q_g} \end{cases} \qquad (8-7)$$

式(8-6) 和式(8-7)中：ΔQ_g 为并网电站无功功率变化期望值；C_{cg}、C'_{cg} 分别为区域内并网电站无功功率对该区域 220kV 母线电压和区域外送无功功率的灵敏度系数矩阵；C''_{cg} 为区域内并网电站无功功率对各自的并网点所连变电站 10kV 母线电压的灵敏度系数；U_{220}

为该区域 220kV 母线电压；U_{10} 为区域内并网电站各自并网点所连变电站 10kV 母线电压；若区域外送无功功率大于第四限制阈值上阈值，ΔQ_{220} 为当前区域外送无功功率与第四限制阈值上阈值的偏差绝对值；若区域外送无功功率小于第四限制阈值下阈值，ΔQ_{220} 为当前区域外送无功功率与第四限制阈值下阈值的偏差绝对值；$\Delta \overline{Q_g}$、$\Delta \underline{Q_g}$ 分别为并网电站无功功率当前可调上下裕度值。式中电压、无功功率等物理量可用标幺值或者有名值，采用有名值时电压单位为 kV，无功功率单位为 kvar。

所有灵敏度及式 (8 - 1) ~ 式 (8 - 6) 和各步骤中的计算，均根据实测数据计算，不依赖状态估计数据。

步骤 (6) 中预设的第三限制阈值是判定 10kV 母线电压是否越限的依据，也就是 10kV 母线电压的控制目标值。对应一般电网而言，10kV 母线电压控制目标值一般是在 9.5 ~ 10.15kV 到 10.6 ~ 10.95kV，正常区间宽度一般有 0.7kV。

第9章
山地电网AVC优化控制系统开发

在系统开发方面，根据第 8 章提出的山地电网 AVC 优化控制方法，开发了地区电网新能源电压无功协调控制软件，可与邵阳地区现有的 AVC 系统(OPEN3000)集成。

9.1 技术要点

(1) 建立无功功率控制的集中展示，对系统的参数设置情况，控制指令的下发、执行情况，调节效果和分析评价等内容进行集中展示。

(2) 能够实现风电场/光伏电站并网点恒电压或无功功率闭环控制。

(3) 能够实现包含风电场/光伏电站的区域中枢母线节点电压控制值的优化设定。

(4) 能够充分发挥风电机组/光伏逆变器的无功功率调节能力。

(5) 能够实现风电场/光伏电站电压无功的远方控制和就地控制。

9.2 整体结构

地调主站自动电压控制(AVC)基于 OPEN3000 调

度自动化系统平台一体化设计与实现，利用电网实时数据和状态估计提供的实时运行方式进行分析计算，实现对电网母线电压、电网无功功率潮流的自动监视，并对并网风电场/光伏电站的无功功率可调控设备进行在线闭环控制。

整体框架如图 9-1 所示。

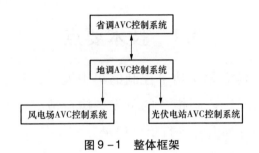

图 9-1　整体框架

根据电压等级划分电压控制区，基于全网的无功功率优化目标函数，在确保稳定性指标和全网无功功率潮流最优的前提下，给出各控制区中枢母线节点电压幅值的设定参考值或联络线潮流信息。

各中枢母线节点根据区域内可用无功功率控制设备，将区域无功功率需求分配到各无功功率控制设备，包括 SVC 设备、常规机组 AVR、投切电容器以及风电场和光伏电站，设定无功功率控制设备的电压参考值/调整量，以保证中枢节点电压在设定值附近，控制响应时间在 5min 以内。

子站 AVC 控制系统能够接收来自地调 AVC 主站系统的指令，根据风电场或光伏电站内风电机组或光伏组件的运行情况及约束，在风电机组或光伏逆变器间进行电压指令分配，并将最终的分配指令下发给风电机组或光伏组件；将风电机组或光伏逆变器的无功功率调节情况进行汇总，并上送给控制子站 AVC 系统。

9.3 维护说明

1. 模型维护

按照常规模型维护方式，对电厂进行厂站图绘制，参数录入，节点入库，PAS 的模型验证，然后后续进行 AVC 模型更新。

当需要关联保护信号闭锁设备时，在 SCADA 应用下保护节点表中将需要关联闭锁的记录中的"AVC 相关设备 1"等域关联相关设备即可，AVC 可以检测到该信号发生，闭锁该设备，该功能需要手动维护。

AVC 模型更新操作，AVC 将根据第一步的"保护关联"生成 AVC 保护信号表，并拷贝 PAS 模型。因此，保护关联和 PAS 建模均完成后，才可以进行 AVC 建模。在 AVC 主画面点击 模型更新 按钮，进入模型维护界面，如图 9 - 2 所示。

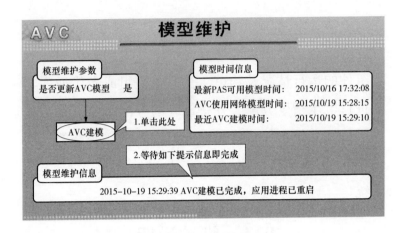

图 9-2　模型维护界面

2. 测点维护

根据上下行数据交互的规定，定义相关的遥信、遥测、遥调测点及其前置参数点号，见表 9-1。

表 9-1　遥信、遥测、遥调测点及其前置参数点号定义表

序号	类型	测点名称	数据库表	备注
1	遥信	AVC 远方投入	SCADA 测点遥信信息表	在前置中定义相应的通信参数
2		AVC 投入状态		
3		增无功功率闭锁（可选）		
4		减无功功率闭锁（可选）		
5	遥测	无功功率上调节裕度	SCADA 测点遥测信息表	
6		无功功率下调节裕度		
7		目标返送值		
8		电压目标值		

续表

序号	类型	测点名称	数据库表	备注
9	遥调	使用检索器拖入定义的"电压目标值"实测值域	SCADA 遥调定义表	定义遥调点号

3. AVC 电厂控制器维护

在数据库 dbi 中 PAS_AVC 应用"AVC 电厂控制器表"中，增加风电场控制器记录，如图 9 - 3 所示，具体参数见表 9 - 2。

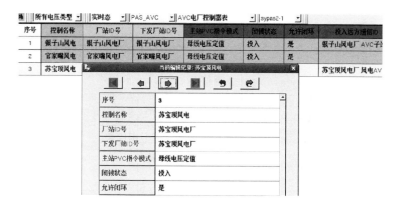

图 9 - 3　增加风电场控制器记录示例图

表 9 - 2　　　　　风电场控制器记录参数表

序号	字段	录入方式	值
1	控制名称	输入一个名称，便于区分	比如：银子山风电

续表

序号	字段	录入方式	值
2	厂站 ID 号	通过下拉菜单选择电厂厂站	
3	下发厂站 ID 号	通过下拉菜单选择遥调厂站	一般与厂站 ID 一致，支持区分下发至电厂 AVC 独立通道的方式
4	PVC 指令模式	通过菜单选择	有"母线电压定值"和"母线电压编码"两种方式
5	运行闭环	通过菜单选择	设置电厂开环/闭环
6	投入远方遥信 ID	通过检索器拖入遥信点	
7	子站闭环 ID	通过检索器拖入遥信点	
8	上调节裕度 ID	通过检索器拖入遥测点	
9	下调节裕度 ID	通过检索器拖入遥测点	
10	上调节闭锁 ID	通过检索器拖入遥信点	可选
11	下调节闭锁 ID	通过检索器拖入遥信点	可选

4. AVC 控制母线维护

在数据库 dbi 中 PAS_AVC 应用 "AVC 控制母线表"中，增加电厂控制母线记录，如图 9－4 所示，具体参数见表 9－3，并与所属电厂控制器建立关联。

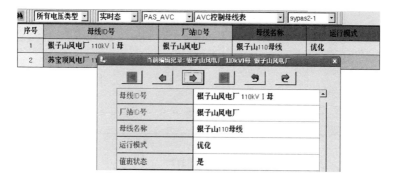

图 9－4　增加电厂控制母线记录示例图

表 9－3　　　　　电厂控制母线记录参数表

序号	字段	录入方式	值
1	厂站 ID	通过下拉菜单选择电厂厂站	
2	母线 ID	通过下拉菜单选择电厂高压侧母线	
3	母线名称	输入母线控制名称	
4	设定模式	设置节点控制模式	支持测试与优化两种模式

续表

序号	字段	录入方式	值
5	并网线段 1	通过检索器拖入电厂并网交流线段端点	有 1 个就拖 1 个，有 2 个就拖 2 个
6	并网线段 2	通过检索器拖入电厂并网交流线段端点	
7	遥调 ID	通过检索器拖入遥调测点	
8	人工设定值		测试模式指令值
9	控制步长		默认为 0.8
10	控制死区		默认为 0.2

5. AVC 等值机组表维护

因地调中通过在 PAS 建模中将电厂主变压器设置为终端变压器，导致模型中未能有机组模型，故采用将电厂高压侧母线做等值机组的方式进行配置为等值机组，如图 9-5 所示，具体参数见表 9-4，具体参数从而能够正常进行灵敏度及无功功率优化的分析计算。

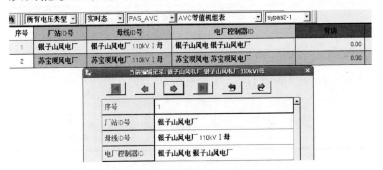

图 9-5　电厂高压侧母线配置为等值机组示例图

表 9 – 4　　　电厂高压侧母线配置为等值机组参数表

序号	字段	录入方式	值
1	厂站 ID	通过下拉菜单选择电厂厂站	
2	母线 ID	通过下拉菜单选择电厂高压侧母线	
3	电厂控制器 ID	通过下拉菜单选择所属厂站	

6. 无功功率及电压限值设置

无功功率及电压限值设置与常规变电站设置一致。

7. 日常模式切换

（1）开闭环切换。数据库 PAS_AVC 应用 AVC 电厂控制器表中修改"允许闭环"字段进行切换。

（2）运行模式修改。数据库 PAS_AVC 应用 AVC 控制母线表中修改"设定模式"字段进行选择。

9.4　界面说明

1. 主界面

本系统基于调度自动化系统平台 OPEN3000，属于自动电压控制 AVC 系统下属功能，控制对象是风电场/光伏电厂的高压或低压汇集母线，通过对电厂上送的电网数据进行监视和分析计算，发出控制对象的电压目标值。

通过 AVC 主画面，点击"风电控制"按钮，可进

117

入 AVC 风电厂电压控制监视主画面，列出当前接入 AVC 控制的风电厂一览表，如图 9-6 所示。

图 9-6　接入 AVC 控制的风电厂一览表

2. 详细监视

点击接入"详细监视"中的某个电厂按钮，可进入某个风电厂的 AVC 运行控制的详细监视信息，如图 9-7 所示。

9.5　地调 AVC 接入电厂协调数据说明

1. 子站上送主站信号

子站上送主站信号量及说明见表 9-5。

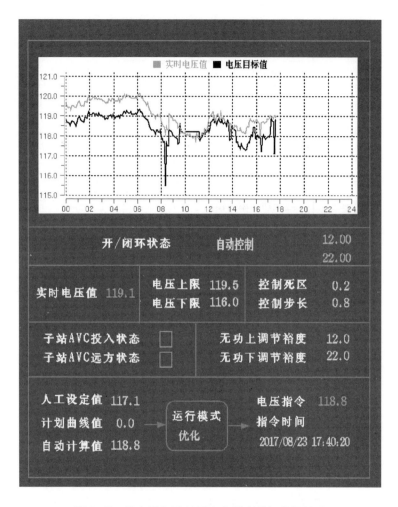

图9-7 某个风电厂 AVC 运行控制详细监视画面

2. 主站向子站下传信息

主站向子站下传信息量及说明见表9-6。

表 9 – 5　　　　　　子站上送主站信号量及说明表

序号	类型	名称	说明
1	遥信	可用状态信号	1 表示 AVC 子站可用
2		远方投入信号	1 表示 AVC 子站可执行主站指令
3		增无功功率闭锁信号	1 表示不具备增无功功率能力（可选）
4		减无功功率闭锁信号	1 表示不具备减无功功率能力（可选）
5	遥测	可增无功功率	
6		可减无功功率	
7		目标返送值	

表 9 – 6　　　　　　主站向子站下传信息量及说明表

序号	名称	说明	备注
1	高压侧母线电压目标指令	采用目标循环码方式	

主站下发命令采用电压目标指令，且经过循环码处理，说明如下：

主站 AVC 下发的是一个五位整型数，如 ABCDE，首位 A：循环码，1、2、3、4、5 五个数字依次循环；后四位 BCDE：扩大 10 倍后的电压目标值。如：21179 则为电压目标值 117.9kV。

3. 主站参数

控制步长 0.8kV，控制死区 0.2kV。

第10章

风、水电站接入地区电网AVC 系统测试情况

　　湖南省西、南部山区，风电与水电资源密集区重叠，当地中、小型水电站众多，本地负荷水平不高，随着风电场的陆续并网发电，电网电压长期过高，无功功率消纳问题更加突出，风、水电等发电资源纳入地区电网 AVC 系统势在必行。针对湖南电网实际情况，选取电压、无功功率问题最突出的邵阳地区作为试点地区。

10.1　试点应用情况

　　邵阳地区除南山风电场(预计 2019 年接入)外全部已并网风电场和具备机组无功功率自动分配能力的水电站均已接入地调 AVC 系统。邵阳地区覆盖 7 座风电场、1 座水电站、跨网源两侧的电压无功功率自动调控体系已建立。

　　邵阳地区接入电网 AVC 系统的风、水电站具体见表 10-1。

　　各风、水电站在接入电网 AVC 系统前均开展了相应的 AVC 测试工作。下文将分别展示宝莲风电场和白

云水电站具体测试情况，其余风电场测试情况见测试报告。

表 10-1　　邵阳地区接入电网 AVC 系统的
风、水电站情况表

序号	电厂名称	装机容量	接入变电站名称	接入线路名称	备注
1	宝莲风电场	50MW	110kV 六都寨变电站	宝六线	
2	牛排山风电场	66MW	220kV 儒林变电站	南牛儒线	牛排山二期工程目前只并网了 8 台风机
3	望云山风电场	50MW	110kV 巨口铺变电站	望巨线	
4	苏宝顶风电场	150MW	110kV 月溪变电站	苏月线	
5	银子山风电场	50MW	110kV 武阳变电站	银武线	
6	官家嘴风电场	100MW	110kV 佘田桥变电站	官佘线	
7	风雨殿风电场	100MW	110kV 水庙变电站	风水线	
8	白云水电站	54MW	110kV 八角亭变电站/110kV 茅坪变电站	白八线/白茅线	

10.2 宝莲风电场 AVC 子站系统测试

10.2.1 项目来源

该项目按照与宝莲风电场签订的合同要求提出。

10.2.2 试验目的

按宝莲风电场要求，对该发电站自动电压控制（AVC）子站系统开展测试，通过电站 AVC 子站系统开、闭环测试，以及电站与调控主站的联调实验，确定该电站 AVC 子站系统技术指标和控制效果满足国网湖南省电力调控中心对新能源发电站的电压无功调控的要求，并保证该电站接入电网 AVC 系统后可安全稳定运行。

10.2.3 测试对象概述

1. 被测电站及主设备简介

宝莲风电场坐落于邵阳地区。全场风机装机容量50MW。宝莲风电场通过110kV 宝六线接入110kV 六都寨变电站。

2. 被测电站 AVC 子站系统

（1）AVC 子站系统控制目标：AVC 子站系统采用

循环扫描方式，实时扫描风电场各控制目标量测与调度计划曲线/实时指令值之间的差异，智能生成整套最优调节策略，并借助网络下发调节命令，达到对风电场动态跟踪调节的目的。

（2）AVC 子站系统控制原理：

1）电压高（电压目标值小于实际母线电压值）：协调控制部分风机和无功功率补偿装置把发出的无功功率限值下调到经济运行下限，从而降低实际母线电压。

2）电压低（电压目标值大于实际母线电压值）：协调控制部分风机和无功功率补偿装置把发出的无功功率限值上调到经济运行上限，从而提高实际母线电压。

（3）AVC 子站系统控制模式：

1）等无功功率备用：按照当前各风机群无功功率可上、下调容量的比例，进行无功功率增量的分配。

2）按优先策略分配：按照各风机群设定的"无功功率上、下调节优先级"，进行无功功率增量的分配。例如：如果要求优先调节风机，则把风机的无功功率调节优先级设定成大于 SVG 无功功率调节优先级。

3）SVG 无功功率裕度优先：若无功功率增量方向和 SVG 无功功率回零方向相同，则无功功率增量优先分配给 SVG，直至 SVG 无功功率目标值回零为止；否则，优先将无功功率增量分配给风机群。可避免无功功率环流。

10.2.4　技术标准和规程规范

GB/T 19001—2016《质量管理体系　要求》；

GB/T 24001—2016《环境管理体系　要求及使用指南》；

GB 26860—2011《电力安全工作规程　发电站和变电站电气部分》；

GB/T 45001—2020《职业健康安全管理体系　要求及使用指南》；

DL/T 516—2017《电力调度自动化运行管理规程》；

DL/T 5002—2005《地区电网调度自动化设计技术规程》；

Q/GDW Z 461—2010《地区智能电网调度技术支持系统应用功能规范》；

Q/GDW 619—2011《地区电网自动电压控制（AVC）技术规范》；

湘电调生〔2010〕153 号《湖南省调直调电站自动发电控制及自动电压控制运行管理规定》；

湘监能市场〔2016〕1 号《湖南电网风电场并网运

行考核实施办法（试行）》；

设计院和有关制造厂家图纸及技术资料。

10.2.5 试验条件

（1）电站主设备已经安装调试完成，具备并网条件。

（2）电站监控系统已经完成调试。

（3）电站 AVC 子站系统已经完成安装调试。

10.2.6 现场试验

1. 接口测试

检验宝莲风电场 AVC 子站系统与电站各监控系统信息交互是否正确。

（1）新能源机组监控接口测试。

1）测试目的：验证 AVC 子站系统与新能源机组监控系统的数据交互正确。且机组可正常执行 AVC 子站系统指令。

2）测试方法：

a. 确认 AVC 子站系统的遥调命令正确的下发到机组监控系统，并且确认机组监控系统正确动作实发值与设定值一致。

b. 在 AVC 子站系统界面查看相关的遥信、遥测数值是否正确显示。

c. 逐个验证所有遥测、遥信信息，确保所有输入输出配置正确无误。

d. 验证 AVC 子站系统可以将无功功率正确分配给各个机组/机群，并能正确收到机组/机群的返回无功功率值和实发无功功率值。

3）测试结果，见表 10 – 2。

表 10 – 2 机组监控与 AVC 交互信息检查结果

名称	量纲	说明	结果
无功功率设定值	Mvar	遥调	正确
无功功率设定返回值	Mvar	遥测，和上面的遥调配套，形成闭环	正确
无功功率实测值	Mvar	遥测	正确
无功功率可调上限	Mvar	遥测	正确
无功功率可调下限	Mvar	遥测	正确
机组/机群运行状态		遥测，不同数值代表不同状态	正确
机组/机群所接母线电压	kV	遥测	正确
机组/机群所接母线无功功率	Mvar	遥测	正确
机组/机群开关电流	kA	遥测	正确
机组/机群出线开关位置	0, 1	遥信	正确

续表

名称	量纲	说明	结果
机组/机群出线隔离开关位置	0，1	遥信	正确
闭锁控制信号（包括运行状态、故障信号、本地/远方控制状态等遥信）	0，1	总闭锁信号，若该信号为1，则闭锁该机组/机群的自动控制	正确

4）测试结论：AVC 子站系统与新能源机组监控系统的数据交互正确，机组可正常执行 AVC 子站系统指令。

（2）SVG/SVC 接口测试。

1）测试目的：验证 AVC 子站系统与 SVG/SVC 系统的数据交互正确。

2）测试方法：

a. 确认 AVC 的遥调命令正确的下发到 SVG/SVC，并且 SVG/SVC 能正确动作实发值与设定值一致。

b. 在 AVC 界面查看相关的遥信、遥测数值是否正确显示。

c. 逐个验证所有遥调、遥测、遥信，确保所有输入输出配置正确无误。

d. 证 SVG/SVC 对 AVC 子站系统控制指令的响应，并能正确收到 SVG/SVC 的返回无功功率值和实发无功功率值。

3）测试结果，见表 10 – 3。

表 10 – 3　　SVG/SVC 与 AVC 交互信息检查结果

名称	量纲	说明	结果
无功功率指令值	Mvar	遥调	正确
系统电压设定值	kV	遥调，跟踪的是高压侧母线电压	正确
无功功率设定返回值	Mvar	遥测，和上面的遥调配套，形成闭环	正确
系统电压设定返回值	kV	遥测，和上面的遥调配套，形成闭环	正确
SVG/SVC 无功功率输出值	Mvar	遥测	正确
无功功率可调上限	Mvar	遥测	正确
无功功率可调下限	Mvar	遥测	正确
SVG/SVC 运行状态		遥测，不同数值代表不同状态	正确
SVG/SVC 所接母线电压	kV	遥测	正确
SVG/SVC 所接母线无功功率（针对有电容器的情况）	Mvar	遥测	正确
SVG/SVC 开关电流	kA	遥测	正确
SVG/SVC 出线开关位置	0，1	遥信	正确

续表

名称	量纲	说明	结果
SVG/SVC 出线 隔离开关位置	0，1	遥信	正确
电容器出线隔离开关位置	0，1	遥信	正确
闭锁控制信号（包括运行 状态、故障信号、本地/远 方控制状态等遥信）	0，1	总闭锁信号，若该信 号为 1，则闭锁该 SVG/ SVC 的自动控制	正确

4）测试结论：AVC 子站系统与 SVG/SVC 系统的数据交互正确，SVG/SVC 可正常执行 AVC 子站系统指令。

（3）综合自动化保护接口测试。

1）测试目的：验证综自系统与 AVC 子站系统的数据交互正确。

2）测试方法：

a. 在 AVC 界面查看相关的遥信、遥测数值是否正确刷新。

b. 逐个验证所有遥测、遥信，确保所有输入、输出配置正确无误。

3）测试结果，见表 10 – 4。

表 10 - 4   综合自动化保护系统与 AVC 交互
信息检查结果（举例）

名称	量纲	说明	结果
电站并网点电压值	kV	遥测，表示整个电站并网点电压，也即 AVC 的控制目标	正确
电站总输出无功功率	Mvar	遥测，表示整个电站并网输出无功功率值	正确

4）测试结论：综合自动化保护系统与 AVC 子站系统的数据交互正确。

2. AVC 逻辑校验

按表 10 - 5 逐一校验 AVC 子站系统控制逻辑。

表 10 - 5   AVC 逻辑校验结果

测试项目	测试目标	测试方法	测试结果
AVC 投入/退出连接片测试	退出 AVC 功能连接片，闭锁 AVC 自动调节功能	投入、退出 AVC 连接片	正确
AVC 调节启动判别测试	实际母线电压与电压目标值的差值大于死区值，则启动 AVC 调节；实际母线电压与电压目标值的差值小于死区值，则不做 AVC 调节	人为改变电压控制目标的数值	正确

续表

测试项目	测试目标	测试方法	测试结果
SVG 投入/退出 AVC 调节功能	若 SVG 投入 AVC 调节软连接片，则该 SVG 参与 AVC 调节； 若 SVG 退出 AVC 调节软连接片，则该 SVG 不参与 AVC 调节	投退 SVG 的 AVC 调节软连接片	正确
SVG 闭锁测试	SVG 上送闭锁信号，则该 SVG 不参与 AVC 调节	人为模拟 SVG 上送闭锁信号	正确
SVG 通信中断闭锁测试	若 SVG 与 AVC 系统通信中断，则该 SVG 不参与 AVC 调节	人为模拟 SVG 通信中断	正确
机组投入/退出 AVC 调节功能	若机组投入 AVC 调节软连接片，则该机组参与 AVC 调节；若机组退出 AVC 调节软连接片，则该机组不参与 AVC 调节	投退机组 AVC 调节软连接片	正确
机组闭锁测试	机组上送闭锁信号，则该机组不参与 AVC 调节	人为模拟机组上送闭锁信号	正确

续表

测试项目	测试目标	测试方法	测试结果
机组通信中断闭锁测试	若机组与 AVC 系统通信中断，则该机组不参与 AVC 调节	人为模拟机组通信中断	正确
AVC 调节优先级测试	测试 AVC 各类调节模式（机组优先、SVG 优先、均分无功功率等）功能是否正常	人为调节目标电压。记录比较机组、SVG 无功功率变化情况，避免同 35kV 母线上机组与 SVG 之间无功功率环流，主变压器之间避免无功功率环流。不同 SVG 之间无功功率应保持平衡（按容量百分比）	正确

测试结论：AVC 子站系统控制逻辑正确。

3. 异常工况安全措施测试

开展异常工况安全措施测试，结果见表 10-6。

测试结论：异常工况安全措施均满足要求。

表 10 – 6 异常工况安全措施测试结果

测试项目	测试方式	测试结果
通信中断	模拟与省调主站通信中断，半分钟以内通道中断不会退出远方控制，超过 1min，退出远方	正确
设备保护、安控装置动作	触发保护信号即退出 AVC 功能	正确
异常指令测试	循环编码逻辑测试，错误指令闭锁，多次指令错误，退出 AVC 功能	正确
电压越安全限值	模拟电压越安全上下限，退出 AVC 功能	正确
下发指令时间超时	超过 16min 未收到主站指令，退出远方	正确
AVC 系统主备机切换	主备机正常切换，模拟 AVC 死机，退出 AVC 功能，重新启动后恢复	正确
模拟母线电压或无功功率坏数据	退出 AVC 功能	正确
站内四个系统之间交互数据是否一致	不一致，退出 AVC 功能	正确

4. 与调控主站 AVC 系统联调

（1）调度 AVC 主站系统接口调试。

1）测试目的：验证调度 AVC 主站系统与 AVC 子

站系统的数据交互正确。

2）测试方法：

a. 在 AVC 界面查看相关的遥信、遥测数值是否正确刷新。

b. 必须所有遥调、遥测、遥信逐个验证，确保所有输入、输出配置正确无误。

3）测试结果，见表 10 - 7。

表 10 - 7　调度 AVC 主站系统与 AVC 子站系统交互
信息检查结果（举例）

名称	量纲	说明	结果
AVC 控制目标指令（电压）	kV	遥调	正确
电站总输出无功功率	Mvar	遥测、数据来自综合自动化保护系统	正确
电站可增加无功功率	Mvar	遥测	正确
电站可减少无功功率	Mvar	遥测	正确
电站并网母线电压	kV	遥测	正确
AVC 控制目标指令返回值（电压）	kV	遥测，和上面的遥调配套，形成闭环	正确
AVC 子站远方投入/退出	0，1	遥控	正确
AVC 子站就地远方状态	0，1	遥信	正确
AVC 子站投入/退出	0，1	遥信	正确
AVC 子站增闭锁	0，1	遥信	正确
AVC 子站减闭锁	0，1	遥信	正确

4）测试结论：AVC 子站系统与调度 AVC 主站系统的数据交互正确。

（2）远程投/退电站 AVC 子站系统逻辑校验。按表 10 - 8 校验远程投/退电站 AVC 子站系统逻辑。

表 10 - 8 远程投/退电站 AVC 子站系统逻辑校验结果

测试项目	测试目标	测试方法	测试结果
AVC 投入/退出连接片测试	退出 AVC 功能连接片，闭锁 AVC 自动调节功能	调度下发指令投入、退出 AVC 连接片	正确

测试结论：远程投/退电站 AVC 子站系统逻辑正确。

（3）AVC 效果测试(电压控制)。

1）测试目的：测试联调电压控制模式情况下，AVC 子站系统性能。

2）测试方法：

a. 投入 AVC 远方状态连接片、AVC 功能连接片、所有机组及 SVG 的 AVC 功能连接片，退出 AVC 开环连接片。

b. 调度主站下发全站电压目标值，每个目标值保持时间约为 5min。

c. 观察 AVC 系统跟踪目标值的及时和稳定性。

3）测试结果，见表 10 – 9。

表 10 – 9	AVC 效果测试结果		Mvar
名称	AVC 控制目标指令（数据来自 AVC 主站系统）	并网电压实测值（数据来自 AVC 子站系统）	偏差
第一组数据	– 2	– 1.8	0.2
第二组数据	– 1	– 0.9	0.1
第三组数据	0	0.1	0.1
第四组数据	1	1.2	0.2
第五组数据	2	2.3	0.3
第六组数据	3	3.2	0.2

10.2.7   结论和建议

对宝莲风电场 AVC 子站系统开展了开、闭环测试，以及电站与调控主站的联调实验。实验结果表明该电站 AVC 子站系统技术指标和控制效果满足国网湖南省电力调控中心对新能源发电站的电压无功调控的要求，该电站接入电网 AVC 系统后可安全稳定运行。

10.3   白云水电站 AVC 子站系统测试

10.3.1   项目来源

该项目按照与白云水电站签订的合同要求提出。

10.3.2 试验目的

按白云水电站要求,对该发电站自动电压控制(AVC)子站系统开展测试,通过电站 AVC 子站系统开、闭环测试,以及电站与调控主站的联调实验,确定该电站 AVC 子站系统技术指标和控制效果满足国网湖南省电力调控中心对新能源发电站的电压无功调控的要求,并保证该电站接入电网 AVC 系统后可安全稳定运行。

10.3.3 测试对象概述

1. 被测电站及主设备简介

白云水电站坐落于邵阳地区。全场水机装机容量 54MW。白云水电站厂通过 110kV 白八线接入 110kV 八角亭变电站,同时通过 110kV 白茅线接入 110kV 茅坪变电站,两者互为热备用。

2. 被测电站 AVC 子站系统

（1）AVC 子站系统控制目标:AVC 子站系统采用循环扫描方式,实时扫描水电站各控制目标量测与调度计划曲线/实时指令值之间的差异,智能生成整套最优调节策略,并借助网络下发调节命令,达到对水电站动态跟踪调节的目的。

（2）AVC 子站系统控制原理：

1）电压高（电压目标值小于实际母线电压值）：协调控制部分水电机组把发出的无功功率限值下调到经济运行下限，从而降低实际母线电压。

2）电压低（电压目标值大于实际母线电压值）：协调控制部分水电机组把发出的无功功率限值上调到经济运行上限，从而提高实际母线电压。

（3）AVC 子站系统控制模式：

1）等无功功率备用：按照当前各水电机组无功功率可上、下调容量的比例，进行无功功率增量的分配。

2）按优先策略分配：按照各水电机组设定的"无功功率上、下调节优先级"，进行无功功率增量的分配。

10.3.4 技术标准和规程规范

GB/T 19001—2016《质量管理体系 要求》；

GB/T 24001—2016《环境管理体系 要求及使用指南》；

GB 26860—2011《电力安全工作规程 发电站和变电站电气部分》；

GB/T 45001—2020《职业健康安全管理体系 要求及使用指南》；

DL/T 516—2017《电力调度自动化运行管理规程》；

DL/T 5002—2005《地区电网调度自动化设计技术规程》；

Q/GDW Z 461—2010《地区智能电网调度技术支持系统应用功能规范》；

Q/GDW 619—2011《地区电网自动电压控制（AVC）技术规范》；

湘电调生〔2010〕153 号《湖南省调直调电站自动发电控制及自动电压控制运行管理规定》；

设计院和有关制造厂家图纸及技术资料。

10.3.5 试验条件

（1）电站主设备已经安装调试已经完成，具备并网条件。

（2）电站监控系统已经完成调试。

（3）电站 AVC 子站系统已经完成安装调试。

10.3.6 现场试验

1. 接口测试

检验白云水电站 AVC 子站系统与电站各监控系统信息交互是否正确。

（1）机组监控接口测试。

1）测试目的：验证 AVC 子站系统与新能源机组

监控系统的数据交互正确。且机组可正常执行 AVC 子站系统指令。

2）测试方法：

a. 确认 AVC 子站系统的遥调命令正确的下发到机组监控系统，并且确认机组监控系统正确动作实发值与设定值一致。

b. 在 AVC 子站系统界面查看相关的遥信、遥测数值是否正确显示。

c. 逐个验证所有遥测、遥信信息，确保所有输入、输出配置正确无误。

d. 验证 AVC 子站系统可以将无功功率正确分配给各个机组/机群，并能正确收到机组/机群的返回无功功率值和实发无功功率值。

3）测试结果，见表 10 – 10。

表 10 – 10   机组监控与 AVC 交互信息检查结果

名称	量纲	说明	结果
无功功率设定值	Mvar	遥调	正确
无功功率设定返回值	Mvar	遥测，和上面的遥调配套，形成闭环	正确
无功功率实测值	Mvar	遥测	正确
无功功率可调上限	Mvar	遥测	正确
无功功率可调下限	Mvar	遥测	正确

名称	量纲	说明	结果
机组/机群运行状态		遥测，不同数值代表不同状态	正确
机组/机群所接母线电压	kV	遥测	正确
机组/机群所接母线无功功率	Mvar	遥测	正确
机组/机群开关电流	kA	遥测	正确
机组/机群出线开关位置	0，1	遥信	正确
机组/机群出线隔离开关位置	0，1	遥信	正确
闭锁控制信号（包括运行状态、故障信号、本地/远方控制状态等遥信）	0，1	总闭锁信号，若该信号为1，则闭锁该机组/机群的自动控制	正确

4）测试结论：AVC 子站系统与机组监控系统的数据交互正确，机组可正常执行 AVC 子站系统指令。

（2）综合自动化保护接口测试。

1）测试目的：验证综合自动化保护系统与 AVC 子站系统的数据交互正确。

2）测试方法：

a. 在 AVC 界面查看相关的遥信、遥测数值是否正确刷新。

b. 逐个验证所有遥测、遥信，确保所有输入、输出配置正确无误。

3）测试结果，见表 10 – 11。

表 10 – 11　综合自动化保护系统与 AVC 交互信息检查结果（举例）

名称	量纲	说明	结果
电站并网点电压值	kV	遥测，表示整个电站并网点电压，也即 AVC 的控制目标	正确
电站总输出无功功率	Mvar	遥测，表示整个电站并网输出无功功率值	正确

4）测试结论：综合自动化保护系统与 AVC 子站系统的数据交互正确。

2. AVC 逻辑校验

按表 10 – 12 逐一校验 AVC 子站系统控制逻辑。

表 10 – 12　AVC 逻辑校验结果

测试项目	测试目标	测试方法	测试结果
AVC 投入/退出连接片测试	退出 AVC 功能连接片，闭锁 AVC 自动调节功能	投入、退出 AVC 连接片	正确

测试项目	测试目标	测试方法	测试结果
AVC 调节启动判别测试	实际母线电压与电压目标值的差值大于死区值,则启动 AVC 调节;实际母线电压与电压目标值的差值小于死区值,则不做 AVC 调节	人为改变电压控制目标的数值	正确
机组投入/退出 AVC 调节功能	若机组投入 AVC 调节软连接片,则该机组参与 AVC 调节;若机组退出 AVC 调节软连接片,则该机组不参与 AVC 调节	投退机组 AVC 调节软连接片	正确
机组闭锁测试	机组上送闭锁信号,则该机组不参与 AVC 调节	人为模拟机组上送闭锁信号	正确
机组通信中断闭锁测试	若机组与 AVC 系统通信中断,则该机组不参与 AVC 调节	人为模拟机组通信中断	正确

测试项目	测试目标	测试方法	测试结果
AVC 调节优先级测试	测试 AVC 各类调节模式（机组优先、SVG 优先、均分无功功率等）功能是否正常	人为调节目标电压。记录比较机组、SVG 无功功率变化情况，避免同 35kV 母线上机组与 SVG 之间无功功率环流，主变压器之间避免无功功率环流。不同 SVG 之间无功功率应保持平衡（按容量百分比）	正确

测试结论：AVC 子站系统控制逻辑正确。

3. 异常工况安全措施测试

开展异常工况安全措施测试，结果见表 10 - 13。

表 10 - 13 　　　　异常工况安全措施测试结果

测试项目	测试方式	测试结果
通信中断	模拟与省调主站通信中断，半分钟以内通道中断不会退出远方控制，超过 1min，退出远方	正确
设备保护、安控装置动作	触发保护信号即退出 AVC 功能	正确

续表

测试项目	测试方式	测试结果
异常指令测试	循环编码逻辑测试，错误指令闭锁，多次指令错误，退出 AVC 功能	正确
电压越安全限值	模拟电压越安全上下限，退出 AVC 功能	正确
下发指令时间超时	超过 16min 未收到主站指令，退出远方	正确
AVC 系统主备机切换	主备机正常切换，模拟 AVC 死机，退出 AVC 功能，重新启动后恢复	正确
模拟母线电压或无功功率坏数据	退出 AVC 功能	正确
站内四个系统之间交互数据是否一致	不一致，退出 AVC 功能	正确

测试结论：异常工况安全措施均满足要求。

4. 与调控主站 AVC 系统联调

（1）调度 AVC 主站系统接口调试。

1）测试目的：验证调度 AVC 主站系统与 AVC 子站系统的数据交互正确。

2）测试方法：

a. 在 AVC 界面查看相关的遥信、遥测数值是否正确刷新。

b. 必须所有遥调、遥测、遥信逐个验证，确保所有输入、输出配置正确无误。

3）测试结果，见表 10 – 14。

表 10 – 14　调度 AVC 主站系统与 AVC 子站系统
交互信息检查结果（举例）

名称	量纲	说明	结果
AVC 控制目标指令（电压）	kV	遥调	正确
电站总输出无功功率	Mvar	遥测、数据来自综合自动化保护系统	正确
电站可增加无功功率	Mvar	遥测	正确
电站可减少无功功率	Mvar	遥测	正确
电站并网母线电压	kV	遥测	正确
AVC 控制目标指令返回值（电压）	kV	遥测，和上面的遥调配套，形成闭环	正确
AVC 子站远方投入/退出	0，1	遥控	正确
AVC 子站就地远方状态	0，1	遥信	正确
AVC 子站投入/退出	0，1	遥信	正确
AVC 子站增闭锁	0，1	遥信	正确
AVC 子站减闭锁	0，1	遥信	正确

4）测试结论：AVC 子站系统与调度 AVC 主站系统的数据交互正确。

（2）远程投/退电站 AVC 子站系统逻辑校验。按表 10 – 15 校验远程投/退电站 AVC 子站系统逻辑。

表 10－15　　　远程投/退电站 AVC 子站系统逻辑校验结果

测试项目	测试目标	测试方法	测试结果
AVC 投入/退出连接片测试	退出 AVC 功能连接片，闭锁 AVC 自动调节功能	调度下发指令投入、退出 AVC 连接片	正确

测试结论：远程投/退电站 AVC 子站系统逻辑正确。

（3）AVC 效果测试（电压控制）。

1）测试目的：测试联调电压控制模式情况下，AVC 子站系统性能。

2）测试方法：

a. 投入 AVC 远方状态连接片、AVC 功能连接片、所有机组及 SVG 的 AVC 功能连接片投入，退出 AVC 开环连接片。

b. 调度主站下发全站电压目标值，每个目标值保持时间约为 5min。

c. 观察 AVC 系统跟踪目标值的及时和稳定性。

3）测试结果，见表 10－16。

表 10－16　　　　　　AVC 效果测试结果　　　　　　Mvar

名称	AVC 控制目标指令（数据来自 AVC 主站系统）	并网电压实测值（数据来自 AVC 子站系统）	偏差
第一组数据	－2	－1.8	0.2
第二组数据	－1	－0.9	0.1

名称	AVC 控制目标指令（数据来自 AVC 主站系统）	并网电压实测值（数据来自 AVC 子站系统）	偏差
第三组数据	0	0.1	0.1
第四组数据	1	1.2	0.2
第五组数据	2	2.3	0.3
第六组数据	3	3.2	0.2

10.3.7　结论和建议

对白云水电站 AVC 子站系统开展了开、闭环测试，以及电站与调控主站的联调实验。实验结果表明该电站 AVC 子站系统技术指标和控制效果满足国网湖南省电力调控中心对水力发电站的电压无功调控的要求，该电站接入电网 AVC 系统后可安全稳定运行。

第 11 章

试点应用效果

　　所开发地区电网新能源电压无功协调控制软件，在试点地区（邵阳地区）与现有的 AVC 系统（南瑞科技 OPEN3000）集成。2017年年底邵阳地区宝莲、风雨殿、牛排山、望云山、苏宝顶、银子山、官家嘴等 7 座风电场和白云水电站接入 AVC 系统后，开展所研究的成果在邵阳地区开展试运行，取得显著成效。

11.1　10kV 母线电压合格率

　　从 2017 年 7 月，第一批风电场完成接入地调 AVC 系统工作，项目试点运行同步开展。2017 年 11 月第二批风、水电站完成接入地调 AVC 系统工作。表 11 - 1 为邵阳地区 2017 年 1 ~ 9 月和 2018 年 1 ~ 9 月 10kV 母线电压合格率。

　　由表 11 - 1 可见，邵阳地区 2017 年 1 ~ 7 月城网电压合格率最高仅为 97.132%，最低达到为 94.33%，农网电压合格率最高仅为 76.653%，最低达到为 71.507%；2017 年 8 月 ~ 2018 年 9 月城、农网电压合

150

格率大幅度提升，城网电压合格率最高达到为99.914%，最低为96.981%，农网电压合格率最高为95.657%，最低仅为83.207%。

表 11 - 1 邵阳地区 10kV 母线电压合格率 %

月份	2017 年		2018 年	
	城网	农网	城网	农网
1	95.34	75.233	98.718	92.297
2	94.33	73.22	96.981	83.207
3	95.35	74.35	98.653	89.659
4	94.85	71.507	98.934	93.881
5	97.132	76.207	99.526	93.84
6	96.644	73.799	99.502	92.93
7	96.512	76.653	99.757	94.786
8	98.027	83.792	99.914	95.657
9	99.513	87.273	99.695	93.235
10	99.127	93.193		
11	98.586	93.887		
12	99.344	93.974		

2017 年总电压合格率为 89.076%，2018 年至今总电压合格率为 95.34%。其中农网 A 类电压合格率明显提高，从 2017 年的 81.09% 提高至 2018 年的 93.165%，提高了 9.8%。

可见本项目成果的试点运行，对邵阳地区 10kV 母线电压合格率特别是农网电压合格率的提升明显。

11.2　220kV 母线电压合格率

2017～2018 年，除儒林变电站、元宝变电站外，邵阳地区其余 220kV 母线电压合格率均为 100%。对比项目成果试点运行前后，儒林变电站、元宝变电站电压合格率情况，见表 11-2。

表 11-2　　邵阳地区儒林变电站、元宝变电站
220kV 母线电压

年份	儒林变电站		元宝变电站	
	越限点数/总点数	合格率	越限点数/总点数	合格率
2017	423/25040	98.79	1001/25040	97.14
2018	70/27135	99.7	0/27135	100

由表 11-2 可见，儒林变电站 2017 年 220kV 母线电压 25040 个检测点中超过 233kV 的检测点有 423 个，2018 年至 10 月 10 日 220kV 母线电压 27135 个检测点超过 233kV 的检测点仅有 70 个。电压合格率由 98.79% 上升至 99.7%。

由表 11-2 可见，元宝变电站 2017 年 220kV 母线电压 25040 个检测点中超过 233kV 的检测点有 1001 个，2018 年至 10 月 10 日 220kV 母线电压 27135 个检测点超过 233kV 的检测点仅有 0 个。电压合格率由 97.14% 上升至 100%。

可见本项目成果的试点运行，有效缓解了邵阳地区 220kV 母线电压偏高的问题，显著提升了 220kV 母线电压合格率。

11.3　电网输送功率损耗

本项目试点应用前 2017 年邵阳地区 35kV 及以上电网网损率为 2.49%，本项目试点应用截至 2018 年 10 月邵阳地区 35kV 及以上电网网损率为 2.31%，网损下降 0.18%。

2018 年截至 10 月供电量为 61.22 亿 kWh，按本项目试点应用前网损计算，损失电量为 1.524 亿 kWh；按本项目试点应用后网损计算，损失电量为 1.414 亿 kWh。本项目的应用已为电网减少电量损失 0.1103 亿 kWh，按 0.6 元/kWh 销售电价计算，已为电网节省成本 660 万元。

若邵阳地区 2018 年全年供电量与 2017 年持平，全年供电量为 67.18 亿 kWh，本项目的应用 2018 年将为电网减少电量损失 0.1209 亿 kWh，按 0.6 元/kWh 销售电价计算，将为电网节省成本 725 万元。

11.4　无功功率动态支撑

邵阳地区宝莲、风雨殿、牛排山、望云山、苏宝顶、银子山、官家嘴等 7 座风电场和白云水电站接入电网 AVC 系统以前，直接按功率因素 0.98 进行无功功率调控。上述风、水电站基本不具备对电网的无功功率动态支撑能力。上述风、水电站接入电网 AVC 系统以后，其风机、SVG、FC 等无功功率资源得到充分利用，对电网的无功功率动态支撑能力大为增强。其中表 11 – 3 为宝莲等 7 座风电场动态无功功率支撑容量。

表 11 – 3   邵阳地区风电场动态无功功率支撑容量   Mvar

风电场	风机无功功率支撑容量	SVG 无功功率支撑容量	FC 无功功率支撑容量	总无功功率支撑容量
宝莲	– 16. 5 ~ 16. 5	– 5 ~ 5	4. 6	– 21. 5 ~ 26. 1
风雨殿	– 33 ~ 33	– 10 ~ 10	10	– 43 ~ 53
牛排山	– 22. 44 ~ 22. 44	– 12 ~ 12	8	– 34. 44 ~ 42. 44
望云山	– 16. 5 ~ 16. 5	– 5 ~ 5	6	– 21. 5 ~ 27. 5
苏宝顶	– 49. 5 ~ 49. 5	– 20 ~ 20	13	– 69. 5 ~ 82. 5
银子山	– 13. 2 ~ 13. 2	– 5 ~ 5	5	– 18. 2 ~ 23. 2
官家嘴	– 33 ~ 33	– 12 ~ 12	7. 2	– 45 ~ 52. 2

由表 11 – 3 可知宝莲等 7 座风电场可提供的动态无功功率支撑容量为 253. 14Mvar（感性无功功率）、306. 94Mvar（容性无功功率）。此外，白云水电站还可以提供约 10. 8Mvar（感性无功功率）、10. 8Mvar（容性

无功功率)。故,本项目试点应用后邵阳地区新增动态无功功率支撑容量为 253.14Mvar(感性无功功率)、306.94Mvar(容性无功功率)。

11.5　电网建设投资成本

本项目的实施丰富了试点地区无功功率动态支撑资源。本项目试点应用后,邵阳地区新增感性动态无功功率 253.14Mvar,容性动态无功功率 306.94Mvar。若本项目不实施,邵阳电网新增同样的容量动态无功功率资源只能通过新增并联电容器和电抗器。

按 2018 年电网设备采购中标价格,1 组容量为 4Mvar 的电容器组价格约为 9 万元,1 组容量为 10Mvar 的电抗器组价格约为 31 万元。

因此,达到相同动态无功功率支撑容量,至少需要新增 76 组电容器组(单组为 4Mvar)和 25 组电抗器组(单组为 10Mvar),不包括安装、调试费用,仅设备购置费用就需要 1459 万元。

第12章

地区电网风、水电协调电压无功控制实用化措施

　　根据基于风、水电协调 AVC 技术在湖南地区电网应用情况，结合地区电网实际情况，本章提出了地区电网风、水电协调电压无功控制实用化措施，为指导规范地区电网风、水电站接入电网 AVC 系统的技术条件和地区电网风、水电协调电压无功控制实用化策略。

　　本措施规定了地区电网风、水电站接入电网 AVC 系统的技术条件、和地区电网风、水电协调电压无功控制实用化策略。

　　本措施适用于湖南 110kV 风、水电站参与电网电压无功功率协调控制的实用化措施，作为地区电网风、水电协调电压无功控制设计、调试、验收、运维的依据。

12.1　风电站接入电网 AVC 系统测试

12.1.1　风电站应具备设备的条件

（1）风机应具备无功功率调控能力。

（2）风电站应具备足够容量的 SVG。

（3）风电站应具有可自动分配无功功率能力的 AVC 子站系统。

（4）风电站应具有与调度控制中心通信的专用或复用光纤通道。

12.1.2　风电站接入电网 AVC 系统测试前应具备的条件

（1）风电站主设备已经安装调试完成，具备并网条件。

（2）风电站监控系统已经完成调试。

（3）风电站 AVC 子站系统已经完成安装调试。

12.1.3　风电站接入电网 AVC 系统测试项目

1. 接口测试

检验风电站 AVC 子站系统与风电站各监控系统信息交互是否正确：

（1）风电机组监控接口测试：验证 AVC 子站系统与机组监控系统的数据交互正确。且机组可正常执行 AVC 子站系统指令。

（2）SVG/SVC 接口测试：验证 AVC 子站系统与 SVG/SVC 系统的数据交互正确。

（3）综合自动化保护接口测试：验证综合自动化保护系统与 AVC 子站系统的数据交互正确。

2. AVC 逻辑校验

校验 AVC 子站系统控制逻辑，应至少包括以下内容：

（1）AVC 投入/退出连接片测试：退出 AVC 功能连接片，闭锁 AVC 自动调节功能。

（2）AVC 调节启动判别测试：实际母线电压与电压目标值的差值大于死区值，则启动 AVC 调节；实际母线电压与电压目标值的差值小于死区值，则不做 AVC 调节。

（3）SVG 投入/退出 AVC 调节功能：若 SVG 投入 AVC 调节软连接片，则该 SVG 参与 AVC 调节；若 SVG 退出 AVC 调节软连接片，则该 SVG 不参与 AVC 调节。

（4）SVG 闭锁测试：SVG 上送闭锁信号，则该 SVG 不参与 AVC 调节。

（5）SVG 通信中断闭锁测试：若 SVG 与 AVC 系统通信中断，则该 SVG 不参与 AVC 调节。

（6）机组投入/退出 AVC 调节功能：若机组投入 AVC 调节软连接片，则该机组参与 AVC 调节；若机组退出 AVC 调节软连接片，则该机组不参与 AVC 调节。

（7）机组闭锁测试：机组上送闭锁信号，则该机组不参与 AVC 调节。

（8）机组通信中断闭锁测试：若机组与 AVC 系统通信中断，则该机组不参与 AVC 调节。

（9）AVC 调节优先级测试：测试 AVC 各类调节模式(机组优先、SVG 优先、均分无功功率等)功能是否正常。

3. SVG/SVC 功能测试

（1）模式切换测试：测试 SVG/SVC 控制模式切换逻辑是否正确，与 AVC 通信是否正常。

（2）指令跟踪与响应特性测试：测试 AVC 无功功率实时指令下发是否正常，SVG/SVC 输出是否响应，响应是否准确迅速。

4. 站内测试

（1）全站开环测试：开环状态下，测试是否响应 AVC 控制指令，AVC 子站系统越限逻辑是否正确。

（2）全站闭环测试：验证全站是否能够正确跟踪 AVC 子站系统控制目标指令。

（3）调节死区测算：测算实际的调节死区值的上/下限值。

5. 异常工况安全措施测试

异常工况安全措施测试应至少包括以下内容：

（1）通信中断。

（2）设备保护、安控装置动作：验证触发保护信号即退出 AVC 功能。

（3）异常指令测试：验证多次指令错误退出 AVC 功能。

（4）电压越安全限值：验证电压越安全上下限，退出 AVC 功能。

（5）下发指令时间超时：验证超时未收到主站指令，退出远方。

（6）AVC 系统主备机切换。

（7）模拟母线电压或无功功率坏数据。

（8）站内四个系统之间交互数据不一致。

6. 与调控主站 AVC 系统联调

（1）调度 AVC 主站系统接口调试：验证调度 AVC 主站系统与 AVC 子站系统的数据交互正确。

（2）远程投/退风电站 AVC 子站系统逻辑校验：校验远程投/退风电站 AVC 子站系统逻辑。

（3）风电站无功功率核算：核算电站可增加无功功率、电站可减少无功功率是否正确。

（4）无功功率响应速率测算：测算 AVC 调控无功功率响应速率。

（5）AVC 效果测试（电压控制）：测试联调电压控制模式情况下，AVC 子站系统性能。

12.1.4 风电站接入电网 AVC 系统测试方法

1. 接口测试

（1）风电机组监控接口测试：

1）确认 AVC 子站系统的遥调命令正确的下发到机组监控系统，并且确认机组监控系统正确动作实发值与设定值一致。

2）在 AVC 子站系统界面查看相关的遥信、遥测数值是否正确显示。

3）逐个验证所有遥测、遥信信息，确保所有输入、输出配置正确无误。

4）验证 AVC 子站系统可以将无功功率正确分配给各个机组/机群，并能正确收到机组/机群的返回无功功率值和实发无功功率值。

（2）SVG/SVC 接口测试：

1）确认 AVC 的遥调命令正确的下发到 SVG/SVC，并且 SVG/SVC 能正确动作实发值与设定值一致。

2）在 AVC 界面查看相关的遥信、遥测数值是否正确显示。

3）逐个验证所有遥调、遥测、遥信，确保所有输入、输出配置正确无误。

4）验证 SVG/SVC 对 AVC 子站系统控制指令的响

应，并能正确收到 SVG/SVC 的返回无功功率值和实发无功功率值。

（3）综合自动化保护接口测试：

1）在 AVC 界面查看相关的遥信、遥测数值是否正确刷新。

2）逐个验证所有遥测、遥信，确保所有输入、输出配置正确无误。

2. AVC 逻辑校验

（1）AVC 投入/退出连接片测试：投入、退出 AVC 连接片。

（2）AVC 调节启动判别测试：人为改变电压控制目标的数值。

（3）SVG 投入/退出 AVC 调节功能：投退 SVG 的 AVC 调节软连接片。

（4）SVG 闭锁测试：人为模拟 SVG 上送闭锁信号。

（5）SVG 通信中断闭锁测试：人为模拟 SVG 通信中断。

（6）机组投入/退出 AVC 调节功能：投退机组 AVC 调节软连接片。

（7）机组闭锁测试：人为模拟机组上送闭锁信号。

（8）机组通信中断闭锁测试：人为模拟机组通信

中断。

（9）AVC 调节优先级测试：人为调节目标电压。记录比较机组、SVG 无功功率变化情况，避免同 35kV 母线上机组与 SVG 之间无功功率环流，主变压器之间避免无功功率环流。不同 SVG 之间无功功率应保持平衡（按容量百分比）。

3. SVG/SVC 功能测试

（1）模式切换测试：

1）投入 AVC 控制连接片，手动改变 AVC 子站系统至 SVG/SVC 的指令值，观察 SVG/SVC 无功功率输出是否受 AVC 控制。

2）退出 AVC 控制连接片，手动改变 AVC 子站系统至 SVG/SVC 的指令值，观察 SVG/SVC 无功功率输出是否不受 AVC 控制。

（2）指令跟踪与响应特性测试：手动通过 AVC 下发无功功率指令，观察 SVG/SVC 实际输出的动态响应时间，从调节开始至调节到位的总时间为响应时间，计算响应速率，响应速率 = 无功功率变化量/时间（kvar/min）。

4. 站内测试

（1）全站开环测试：

1）投入全站开环连接片，然后将 AVC 所有相关连接片全部投入。

2）手动给定 AVC 系统电压设定值（不越限），观察 AVC 控制情况，是否符合预期。

3）手动给定 AVC 系统电压设定值（越限），观察 AVC 控制情况，是否符合预期。

（2）全站闭环测试：

1）投入全站闭环连接片，然后将 AVC 所有相关连接片全部投入。

2）手动给定 AVC 系统电压设定值（不越限），观察 AVC 控制情况，是否符合预期。

3）手动给定 AVC 系统电压设定值（越限），观察 AVC 控制情况，是否符合预期。

（3）调节死区测算：

1）手动逐渐增加 AVC 控制指令，直到全站无功功率总输出改变，记录下当前 AVC 控制指令和并网点电压值，计算出 AVC 调节死区下限。

2）重复 2 次上述测试步骤，对所计算得到的 AVC 调节死区下限求平均。

3）手动逐渐减小 AVC 控制指令，直到全站无功功率总输出改变，记录下当前 AVC 控制指令和并网点电压值，计算出 AVC 调节死区上限。

4）重复 2 次上述测试步骤，对所计算得到的 AVC

调节死区上限求平均。

5. 异常工况安全措施测试

异常工况安全措施测试应至少包括以下内容：

（1）通信中断：模拟与省调主站通信中断，半分钟以内通道中断不会退出远方控制，超过 1min，退出远方。

（2）设备保护、安控装置动作：手动触发保护信号。

（3）异常指令测试：循环编码逻辑测试，多次发出错误指令。

（4）电压越安全限值：模拟电压越安全上下限。

（5）下发指令时间超时：超过 16min 未收到主站指令。

（6）AVC 系统主备机切换：主备机正常切换，模拟 AVC 死机，退出 AVC 功能，重新启动后恢复。

（7）模拟母线电压或无功功率坏数据：模拟坏数据。

（8）站内四个系统之间交互数据不一致：模拟数据不一致。

6. 与调控主站 AVC 系统联调

（1）调度 AVC 主站系统接口调试：

1）在 AVC 界面查看相关的遥信、遥测数值是否正确刷新。

2）必须所有遥调、遥测、遥信逐个验证，确保所有输入、输出配置正确无误。

（2）远程投/退风电站 AVC 子站系统逻辑校验：调度下发指令投入、退出 AVC 连接片。

（3）风电站无功功率核算：根据当前电站总输出无功功率和机组、SVG/SVC 可调无功功率上/下限，计算电站可增加无功功率、电站可减少无功功率，及电站总无功功率，比较上送调控数据。电站可增加无功功率 =（全部机组可调无功功率上限 + 全部 SVG/SVC 可调无功功率上限）- 当前电站总输出无功功率，电站可减少无功功率 = 当前电站总输出无功功率 -（全部机组可调无功功率下限 + 全部 SVG/SVC 可调无功功率下限）。

（4）无功功率响应速率测算：

1）主站手动增加 AVC 控制指令，计算从主站下发指令开始至调节到位的总耗时，计算无功功率向上响应速率，无功功率响应速率 = 无功功率变化量/时间（kvar/min）。

2）重复 2 次上述测试步骤，对所计算得到的 AVC 无功功率响应速率求平均。

3）手动减小 AVC 控制指令，计算主站下发指令开始至调节到位的总耗时，计算无功功率向下响应速率，无功功率响应速率 = 无功功率变化量/时间（kvar/min）。

4）重复 2 次上述测试步骤，对所计算得到的 AVC 无功功率响应速率求平均。

（5）AVC 效果测试（电压控制）：

1）投入 AVC 远方状态连接片、AVC 功能连接片、所有机组及 SVG 的 AVC 功能连接片，退出 AVC 开环连接片。

2）调度主站下发全站电压目标值，每个目标值保持时间约为 5min。

3）观察 AVC 系统跟踪目标值的及时和稳定性。

12.1.5　风电站接入电网 AVC 系统测试报告

风电站接入电网 AVC 系统测试报告应至少包括测试项目目的、方法、结果和测试结论，格式参考 10.1 宝莲风电场 AVC 子站系统测试。

12.2　水电站接入电网 AVC 系统测试

12.2.1　水电站应具备设备的条件

（1）水电机励磁系统应具备无功功率自由调节

能力。

（2）水电站应具有可自动分配无功功率能力的监控系统或具有独立的 AVC 子站系统。

（3）水电站应具有与调度控制中心通信的专用或复用光纤通道。

12.2.2　水电站接入电网 AVC 系统测试前应具备的条件

（1）水电站主设备已经安装调试完成，具备并网条件。

（2）水电站监控系统已经完成调试。

（3）水电站监控系统或 AVC 子站已经完成安装调试。

12.2.3　水电站接入电网 AVC 系统测试方法

1. 接口测试

（1）确认水电站监控系统（AVC 子站）的控制命令正确的下发到机组励磁系统，并且确认机组励磁系统正确动作实发值与设定值一致。

（2）水电站监控系统（AVC 子站）界面查看相关的遥信、遥测数值是否正确显示。

（3）逐个验证所有遥测、遥信信息，确保所有输入、输出配置正确无误。

（4）验证水电站监控系统（AVC 子站）可以将无功功率正确分配给各个机组，并能正确收到机组的返回无功功率值和实发无功功率值。

2. AVC 逻辑校验

（1）AVC 投入/退出连接片测试：投入、退出 AVC 连接片。

（2）AVC 调节启动判别测试：人为改变电压控制目标的数值。

（3）机组投入/退出 AVC 调节功能：投退机组 AVC 调节软连接片。

（4）机组闭锁测试：人为模拟机组上送闭锁信号。

（5）机组通信中断闭锁测试：人为模拟机组通信中断。

3. 站内测试

（1）全站开环测试：

1）投入全站开环连接片，然后将 AVC 所有相关连接片全部投入。

2）手动给定 AVC 系统电压设定值（不越限），观察 AVC 控制情况，是否符合预期。

3）手动给定 AVC 系统电压设定值（越限），观察 AVC 控制情况，是否符合预期。

（2）全站闭环测试：

1）投入全站闭环连接片，然后将 AVC 所有相关连接片全部投入。

2）手动给定 AVC 系统电压设定值（不越限），观察 AVC 控制情况，是否符合预期。

3）手动给定 AVC 系统电压设定值（越限），观察 AVC 控制情况，是否符合预期。

（3）调节死区测算：

1）手动逐渐增加 AVC 控制指令，直到全站无功功率总输出改变，记录下当前 AVC 控制指令和并网点电压值，计算出 AVC 调节死区下限。

2）重复 2 次上述测试步骤，对所计算得到的 AVC 调节死区下限求平均。

3）手动逐渐减小 AVC 控制指令，直到全站无功功率总输出改变，记录下当前 AVC 控制指令和并网点电压值，计算出 AVC 调节死区上限。

4）重复 2 次上述测试步骤，对所计算得到的 AVC 调节死区上限求平均。

4. 异常工况安全措施测试

异常工况安全措施测试应至少包括以下内容：

（1）通信中断：模拟与省调主站通信中断，半分钟以内通道中断不会退出远方控制，超过 1min，退出远方。

（2）设备保护、安控装置动作：手动触发保护信号。

（3）异常指令测试：循环编码逻辑测试，多次发出错误指令。

（4）电压越安全限值：模拟电压越安全上下限。

（5）下发指令时间超时：超过 16min 未收到主站指令。

（6）AVC 系统主备机切换：主备机正常切换，模拟 AVC 死机，退出 AVC 功能，重新启动后恢复。

（7）模拟母线电压或无功功率坏数据：模拟坏数据。

5. 与调控主站 AVC 系统联调

（1）调度 AVC 主站系统接口调试：

1）在 AVC 界面查看相关的遥信、遥测数值是否正确刷新。

2）必须所有遥调、遥测、遥信逐个验证，确保所有输入、输出配置正确无误。

（2）远程投/退水电站监控系统（AVC 子站）逻辑校验：调度下发指令投入、退出 AVC 连接片。

（3）无功功率响应速率测算：

1）主站手动增加 AVC 控制指令，计算从主站下发指令开始至调节到位的总耗时，计算无功功率向上响应速率，无功功率响应速率＝无功功率变化量/时间（kvar/min）。

2）重复2次上述测试步骤，对所计算得到的 AVC 无功功率响应速率求平均。

3）手动减小 AVC 控制指令，计算主站下发指令开始至调节到位的总耗时，计算无功功率向下响应速率，无功功率响应速率＝无功功率变化量/时间（kvar/min）。

4）重复2次上述测试步骤，对所计算得到的 AVC 无功功率响应速率求平均。

（4）AVC 效果测试（电压控制）：

1）投入 AVC 远方状态连接片、AVC 功能连接片、所有机组的 AVC 功能连接片，退出 AVC 开环连接片。

2）调度主站下发全站电压目标值，每个目标值保持时间约为5min。

3）观察 AVC 系统跟踪目标值的及时和稳定性。

12.2.4　水电站接入电网 AVC 系统测试报告

水电站接入电网 AVC 系统测试报告应至少包括测试项目目的、方法、结果和测试结论，格式参考10.2白云水电站 AVC 子站系统测试报告。

12.2.5 水电站接入电网 AVC 系统测试项目

1. 接口测试

验证水电站监控系统（AVC 子站）与机组监控系统的数据交互正确，且机组可正常执行水电站监控系统（AVC 子站）指令。

2. AVC 逻辑校验

校验水电站监控系统（AVC 子站）控制逻辑，应至少包括以下内容：

（1）AVC 投入/退出连接片测试：退出 AVC 功能连接片，闭锁 AVC 自动调节功能。

（2）AVC 调节启动判别测试：实际母线电压与电压目标值的差值大于死区值，则启动 AVC 调节；实际母线电压与电压目标值的差值小于死区值，则不做 AVC 调节。

（3）机组投入/退出 AVC 调节功能：若机组投入 AVC 调节软连接片，则该机组参与 AVC 调节；若机组退出 AVC 调节软连接片，则该机组不参与 AVC 调节。

（4）机组闭锁测试：机组上送闭锁信号，则该机组不参与 AVC 调节。

（5）机组通信中断闭锁测试：若机组与 AVC 系统通信中断，则该机组不参与 AVC 调节。

3. 站内测试

（1）全站开环测试：开环状态下，测试是否响应AVC控制指令，AVC子站系统越限逻辑是否正确。

（2）全站闭环测试：验证全站是否能够正确跟踪AVC子站系统控制目标指令。

（3）调节死区测算：测算实际的调节死区值的上/下限值。

4. 异常工况安全措施测试

异常工况安全措施测试应至少包括以下内容：

（1）通信中断。

（2）设备保护、安控装置动作：验证触发保护信号即退出AVC功能。

（3）异常指令测试：验证多次指令错误退出AVC功能。

（4）电压越安全限值：验证电压越安全上下限，退出AVC功能。

（5）下发指令时间超时：验证超时未收到主站指令，退出远方。

（6）AVC系统主备机切换。

（7）模拟母线电压或无功功率坏数据。

5. 与调控主站AVC系统联调

（1）调度AVC主站系统接口调试：验证调度AVC

主站系统与 AVC 子站系统的数据交互正确。

（2）远程投/退水电站监控系统（AVC 子站）逻辑校验：校验远程投/退水电站监控系统（AVC 子站）逻辑。

（3）无功功率响应速率测算：测算 AVC 调控无功功率响应速率。

（4）AVC 效果测试（电压控制）：测试联调电压控制模式情况下，AVC 子站系统性能。

12.3 地区电网风、水电协调电压无功控制策略

12.3.1 电压无功控制原则和目标

1. 电压无功控制目标

（1）确保电网安全稳定运行。

（2）保证电压和关口功率因数合格。

（3）尽可能减少线路无功功率传输、降低电网因不必要无功功率潮流引起的有功功率损耗。

（4）对电网内各变电站有载调压装置和无功功率补偿设备进行集中监视、统一管理和在线控制，提高效率、减轻调压劳动强度，提高电压无功管理水平。

2. 电压无功控制原则

（1）具备充足的无功功率电源，使电力系统运行在允许的高电压水平。

（2）尽量做到各电压等级电网无功功率平衡，避免高压网输送无功功率过大，利于提高输电功率因数。

（3）无功功率不宜长距离输送，各电压等级网络内部无功功率尽量分区甚至就地平衡，减少网络损耗，值得强调的是，该原则还表明，电压无功功率控制仅仅使无功功率在总量上达到平衡是远远不够的，必须使这种平衡最好就地或在尽可能小的范围内得到满足。

（4）无功功率平衡的局域性和分散性决定了电压无功控制必须采取分层分区的空间解耦控制方案，并在时间上也进行解耦，使电压无功控制能够协调配合有序执行，避免控制产生电压无功功率波动或振荡。

12.3.2 控制策略

1. 地区电网 AVC 系统与省级电网的差异

（1）电网结构方面，省级电网以环网结构为主，地区电网为辐射网结构为主。

（2）无功功率控制对象方面，省级电网以机组无功功率连续控制变量为主，地区电网以变电站电容、主变压器离散变量为主。

（3）控制原则方面，省级电网以无功功率优化分布，地区电网以无功功率就地平衡为主。

（4）状态估计方面，地区电网维护及时性、实用化程度偏低，地区电网计算覆盖率、误差绝对值、技术维护支撑等方面都对状态估计结果影响较大，无法支撑实时控制的需求。

2. 地区 AVC 系统的控制目标

按优先级排序如下：

（1）220kV 电压不越限。

（2）10kV 母线电压不越限。

（3）非 220kV 主变压器高压侧无功功率不越限。

（4）220kV 主变压器高压侧无功功率不越限。

3. 地区 AVC 系统控制策略

根据地区电网 AVC 系统优先级排序，AVC 系统分区后有以下几类控制模式：

（1）220kV 电压控制模式策略。

1）控制目标：220kV 变电站 220kV 母线电压。

2）控制条件：220kV 母线电压越限。

3）控制资源：全供电区域 10kV 并联电容器/电抗器和 110kV 并网电厂，不考虑分接头。

4）控制思路：协调 10kV 并联电容器/电抗器离散量和 110kV 并网电厂连续量。

负荷发生峰谷转换限值范围修改或者大扰动造成电压波动较大，母线电压运行点在 $[U_{min}, U_{max}]$ 之外区域，离散量动作调整，连续量根据离散量动作情况进行后续的协调调整，离散量起到对负荷趋势和大扰动的无功功率支撑作用。

当负荷小扰动情况下，母线电压运行点在电压正常区间，则连续量优先进入电压优化调整模式，降低离散量控制次数及其控制代价。

5）控制策略：离散量控制限值范围为 $[U_{min}, U_{max}]$，根据 220kV 母线电压考核值设定，连续量的控制限值范围在此基础上动态设定，为 $[U_{min} + \Delta U, U_{max} - \Delta U]$，其中 ΔU 为一个较小的限值死区，根据各电厂控制死区动态设定。

a. 当母线电压在 $[U_{min} + \Delta U, U_{max} - \Delta U]$ 以外、$[U_{min}, U_{max}]$ 以内，只控制连续量（110kV 并网电厂）。

b. 当母线电压在 $[U_{min}, U_{max}]$ 以外，则优先控制离散量，连续量考虑离散量对电压影响幅度，作为补充参与电压校正控制。

c. 控制低压电容/电抗器时，先按趋势一致和动作次数、考虑在不导致或恶化 10kV 母线电压越限的安全排序的情况下，逐一投切低压电容/电抗器；若第一轮无可控投切低压电容/电抗器，按动作次数排序、不考虑对 10kV 母线电压越限影响的基本排序的情况下，逐一投切低压电容/电抗器。

（2）10kV 母线电压控制模式策略。

1）控制目标：220kV 及以下变电站 10kV 母线电压。

2）控制条件：10kV 母线电压越限且 220kV 不越限。

3）控制资源：本变电站 10kV 并联电容器/电抗器，主变压器分接头，和以该站并网的 110kV 并网电厂。

4）控制约束：该区域 220kV 母线电压不越限。

5）控制思路：无功功率就地平衡。

6）控制策略：离散量控制限值范围为 $[U_{min}, U_{max}]$，根据 220kV 母线电压考核值设定，连续量的控制限值范围在此基础上动态设定，为 $[U_{min} + \Delta U, U_{max} - \Delta U]$，其中 ΔU 为一个较小的限值死区，根据各电厂控制死区动态设定。

a. 当母线电压在 $[U_{min} + \Delta U, U_{max} - \Delta U]$ 以外、$[U_{min}, U_{max}]$ 以内，只控制连续量（110kV 并网电厂）。

b. 当母线电压在 $[U_{min}, U_{max}]$ 以外，则优先控制离散量，连续量考虑离散量对电压影响幅度，作为补充参与电压校正控制。

c. 控制低压电容/电抗器时，先按趋势一致和动作次数、考虑在不导致或恶化 220kV 电压越限的安全排序的情况下，逐一投切低压电容/电抗器。

（3）非 220kV 关口无功功率优化控制模式策略。

1）控制目标：110、35kV 变电站主变压器高压侧无功功率值。

2）控制条件：变电站主变压器高压侧无功功率越限。

3）控制约束：该区域 220kV 母线电压、10kV 母线电压均不越限。

4）控制资源：当地电容器、电抗器。

5）控制思路：无功功率就地平衡。

（4）220kV 关口无功功率优化控制模式策略。

1）控制目标：220kV 变电站主变压器高压侧无功功率值。

2）控制条件：变电站主变压器高压侧无功功率越限。

3）控制约束：该区域 220kV 母线电压、10kV 母线电压均不越限。

4）控制资源：当地电容器、电抗器和 110kV 并网电厂。

5）控制思路：无功功率就地平衡。

参考文献

［1］ 张伯明，陈寿孙，严正. 高等电力网络分析［M］. 2 版. 北京：清华大学出版社，2007，323－328.

［2］ 孙宏斌，张智刚，刘映尚，等. 复杂电网自律协同无功电压优化控制：关键技术与未来展望［J］. 电网技术，2017，41（12）：3741－3749.

［3］ 吴晋波，文劲宇，孙海顺，等. 基于储能技术的交流互联电网稳定控制方法［J］. 电工技术学报，2012，27（6）：261－267.

［4］ 孙亮，牛秋野，张青，等. 基于智能 AVC 系统的全网无功电压协调控制研究［J］. 电力电容器与无功补偿，2017，38（3）：147－150.

［5］ 郭庆来，孙宏斌，张伯明，等. 自动电压控制中连续变量与离散变量的协调方法（一）变电站内协调电压控制［J］. 电力系统自动化，2008，32（8）：39－42.

［6］ 郭庆来，孙宏斌，张伯明，等. 自动电压控制中连续变量与离散变量的协调方法（二）厂站协调控制［J］. 电力系统自动化，2008，32（9）：65－

68，78.

[7] 鲍威，朱涛，赵川，等. 基于聚类分析的三阶段二级电压控制分区方法［J］. 电力系统自动化，2016，40（5）：127－132.

[8] 于汀，王伟. 湖南电网电压协调控制方案［J］. 电网技术，2011，35（4）：82－86.

[9] 王旭冉，郭庆来，孙宏斌，等. 考虑快速动态无功补偿的二级电压控制［J］. 电力系统自动化，2015，39（2）：53－60.

[10] 袁康龙，刘明波. 计及无功耦合的多分区关联协调二级电压控制方法［J］. 中国电机工程学报，2013，33（28）：74－80.

[11] 牛拴保，柯贤波，王吉利，等. 计及分级式可控高抗的750kV联网通道自动电压控制［J］. 电力系统自动化，2015，39（15）：149－153.

[12] 季玉琦，耿光飞，温渤婴. 含分布式电源的配电网电压无功两级协调控制模式［J］. 电网技术，2016，40（4）：1243－1248.

[13] 潘琪，徐洋，谢夏寅，等. 基于无功源的分布式光伏电站无功补偿协调控制系统及方法［J］. 电测与仪表，2015，52（3）：101－106.

[14] 郭庆来，王蓓，宁文元，等. 华北电网自动电压

控制与静态电压稳定预警系统应用 ［J］. 电力系统自动化, 2008, 32 （5）：95-98, 107.

［15］ 徐箭, 袁志昌, 汪龙龙, 等. 参与 AVC 调节的 STATCOM 电压控制策略设计与仿真 ［J］. 电力自动化设备, 2015, 35 （10）：115-120.

［16］ 陈江澜, 张蓓, 兰强, 等. 特高压交直流混合电网协调电压控制策略及仿真研究 ［J］. 电力系统保护与控制, 2014, 42 （11）：21-27.

［17］ 王彬, 郭庆来, 孙宏斌, 等. 自动电压控制中强耦合电厂的协调控制方法 ［J］. 电力系统自动化, 2015, 39 （12）：165-171.

［18］ 刘栋, 汤广福, 贺之渊, 等. 基于面积等效法的模块化多电平换流器损耗分析 ［J］. 电网技术, 2012, 36 （4）：197-201.

［19］ 李仰平, 耿波, 刘泽响, 等. SF_6 断路器喷口用复合 PTFE 电气性能的研究 ［J］. 高压电器, 2006, 42 （2）：122-124.

［20］ 王彬, 郭庆来, 周华锋, 等. 南方电网网省地三级自动电压协调控制系统研究及应用 ［J］. 电力系统自动化, 2014, 38 （13）：208-215.

［21］ 杨银国, 林舜江, 欧阳逸风, 等. 三级电压控制体系下大电网暂态电压安全仿真及其控制策略

[J]. 电网技术，2013，37（4）：1045 – 1051.

[22] 梁才，刘文颖，周喜超，等. 750kV 电网在甘肃电网中的降损作用分析［J］. 电网技术，2012，36（2）：100 – 103.

[23] 杨志超，李晓健，陆文伟，等. 基于主元分析法的高压断路器全寿命周期成本研究［J］. 电测与仪表，2017，54（1）：55 – 60.

[24] 陈锐，郭庆来，孙宏斌，等. 自动电压控制中的中枢母线选择方法［J］. 电力自动化设备，2012，32（9）：111 – 116.

[25] 丁明，吴义纯. 基于改进遗传算法的风力 – 柴油联合发电系统扩展规划［J］. 中国电机工程学报，2006，26（8）：23 – 27.

[26] 吴晋波，刘海峰，陈宏，等. 静止无功补偿器故障定位的快速分析方法研究［J］. 电力电容器与无功补偿，2018，39（1）：36 – 41.

[27] 兰佳，汪东，陈娅，等. 双级式光伏发电并网系统控制策略及仿真研究［J］. 电力科学与技术学报，2019，34（4）：129 – 136.

[28] 肖繁，王涛，高扬，等. 基于特高压交直流混联电网的调相机无功补偿及快速响应机制研究［J］. 电力系统保护与控制，2019，47（17）：

93 – 100.

[29] 袁康龙，刘明波. 计及无功耦合的多分区关联协调二级电压控制方法 [J]. 中国电机工程学报，2013，33（28）：74 – 80.

[30] 周铁刚，吴晋波，何晓，等. 连续变量设备的 AVC 控制指令选择方法研究 [J]. 湖南电力，2018，38（6）：37 – 41.

[31] 苏志朋，宋铭敏，汤大伟，等. 基于 EMS 的分布式地县电网 AVC 控制策略 [J]. 电力系统保护与控制，2017，45（5）：137 – 141.

[32] 林捷，王云柳，黄辉，等. 自动电压控制下的地区电网电压无功运行状态评估指标体系 [J]. 电力系统保护与控制，2016，45（13）：123 – 129.

[33] 张勇军，刘瀚林，朱心铭. 地区电网感性无功补偿优化配置方法 [J]. 电网技术，2011，35（11）：141 – 145.

[34] 赵新卫，杜剑波，刘斌. 地区电网无功电压运行情况分析及对策 [J]. 电力电容器与无功补偿，2011，32（6）：33 – 36.

[35] 苏文博，于洲春，徐志恒，等. 变电站 10kV 系统电压无功综合控制装置的研制 [J]. 电网技术，2017，41（12）：3741 – 3749.

[36] 张晓朝，段建东，石祥宇，等．利用 DFIG 无功能力的分散式风电并网有功最大控制策略研究 [J]．中国电机工程学报，2017，37（7）：2001 - 2008.

[37] 谢胤喆，郭瑞鹏．考虑风电机组无功特性的安全约束机组组合方法 [J]．电力系统自动化，2012，36（14）：113 - 118.

[38] 丁明，张宏艳，韩平平，等．考虑机组同调性的风电场无功协调控制 [J]．电网技术，2014，38（12）：3390 - 3395.

[39] 吴晋波，熊尚峰，徐昭麟，等．基于综合成本的电网 AVC 协调优化策略研究 [J]．电力电容器与无功补偿，2020，41（1）：14 - 21.

[40] 杨银国，林舜江，欧阳逸风，等．三级电压控制体系下大电网暂态电压安全仿真及其控制策略 [J]．电网技术，2013，37（4）：1045 - 1051.

[41] 王旭冉，郭庆来，孙宏斌，等．考虑快速动态无功补偿的二级电压控制 [J]．电力系统自动化，2015，39（2）：53 - 60.

[42] 陈晓刚，易永辉，江全元，等．基于 WAMS/SCADA 混合量测的电网参数辨识与估计 [J]．电力系统自动化，2008，32（5）：1 - 5.

[43] 李振华，陶渊，赵爽，等．智能配电网状态估计

方法研究现状分析［J］. 电力科学与技术学报，2019，34（4）：115－122.

［44］李鸿奎，曾文婷，李福建，等. 一种基于 SCA-DA 量测的线路动态参数辨识方法［J］. 电测与仪表，2019，56（4）：121－128.

［45］吴伦哲. 浅谈如何提高山区电网的供电可靠性［J］. 西北电力技术，2004，6：83－84.